李天龍——著

老闆不說，卻很在意的35個工作態度

為新鮮人量身訂做的職場寶典

Foreword

對老闆而言，員工不能只是光憑才幹，同時還要擁有正確的工作態度，才能算得上是真正的『人才』，否則就像是一個沒有靈魂的機器人，就算工作效率再高，遲早會被才幹更高的人才頂替。

所謂正確的工作態度，更正確地說應該是老闆在乎的工作態度，不過各位若繼續翻開本書就會發現，老闆所在乎的工作態度和主管感受是連成一氣，因為企業的版圖大到無法一一去巡視，

所以管理者的管理就是老闆最大的依賴，無論是哪一個階層的員工，若能夠聽從主管的指令，就能夠維持職場工作的順利運作。

所以在職場中，所有的升遷和工作情緒都關係著主管對自己的賞識，老闆的認知才是判別正確與否的關鍵，知道老闆在乎的工作態度，並且努力達到其標準，才能夠做出真正事半功倍的選擇。

前言

雖然說每個老闆的想法都不盡相同，但是同樣在職場環境下工作，面對大同小異的狀況和問題，所在乎的工作態度其實也相差不大，不過若沒有主管點明，而是員工們藉由工作相處去體會的話，沒有經過工作低潮、主管刁難、精神壓力等經驗累積，是很難明白到這點的。

在職場上工作，每個人都在不斷地走著同樣的道路，差別僅僅是路線的不同，有的人可以及早領悟，有的人卻得在原地打轉了許久，才能夠發現正確的方向，要完全避開這些過程是很困難的，不過若是能吸取過來人的經驗，加速自身的經歷累積，或許就能夠以抄小路的捷徑快步地走過。

各位可以從書本中的真實案例中，去檢視自己是否會做出同樣錯誤的選擇，或從熟悉的事件中發覺到自己做出的錯誤態度，及早去做預防或彌補的動作。

Contents
目錄

Contents
目錄

Chapter 1

態度，決定職場成功的速度

身處在不同的職位，抱持的工作態度也截然不同

在不同的職位工作，除了薪水和福利不一樣，就連工作態度也得跟著不一樣，才不會受限住自己的升遷發展。

對老闆而言，就算是相同的工作內容和性質，但是身處在不同的職位上，受領不同的薪水和福利，抱持的工作態度當然得不一樣。

請大家由以下舉例試想：

A和B同為麵包店門市，工作內容雖然都一樣，但是A為正職人員，B為工讀生，薪水福利相差甚大，若A抱持著跟B同樣的工作態度，那麼公司又何必給A這麼多的薪水，都請工讀生不是更省成本嗎？

當初剛出社會的時候，雖然累積了幾年的經歷才從工讀生升上正職人員，但是這幾年的經歷只是用來學習工作技能，關於正確的工作態度完全沒有概念，所以在一開始的時候也是吃了很大的苦頭。

正職人員雖然工作繁瑣，不過由於先前代理過幾回，大概清楚工作的內容，所以以為自己是可以勝任的。可是正式升遷以後，主管每天交代下來的工作量又多又雜，再加上職責內的工作，整天忙碌到做都做不完。

偏偏這些工作又是非常緊急的，要在主管交代的時限內完成根本就沒辦法，幾乎每次都是主管轉派他人接手才能夠完成工作，所以常常工作趕個半死，反而還被主管責罵效率不夠快，心情自然而然受到打擊，甚至失去了工作的熱忱，這是當工讀生時不會遇到的狀況。

因為老闆指派的工作，是經由一層又一層分工下來的，所以當工作分派到基層員工手上時，幾乎就是少數的工作量，一個人來做當然是綽綽有餘。

但是職位向上一階，工作量自然也多出了數倍的份量來分工，若這時還抱持著基層員工的工作態度，一個人努力去執行上面指派下來的所有工作，結果只會事倍功半，效率下降的同時還會失去主管肯定，最終得不償失。

當然，我也曾經遇到過工作效率相當高的幹部，在主管休假的期間，一人肩負起所有的工作量，還能夠輕鬆地在時限內完成，讓高層個個是讚許有加。

不過人都是要往上爬的，或許在這個階段的多人份工作量負擔得起，但是每往上一層就多出更多倍的工作量，再怎麼有能耐的人有天終究會到達能力的上限，所以與其自己拼命地撐著，倒不如分工合作來得實際。

我們來試想一下：

若一間多元經營的大企業董事長，要向外界報告公司本月的營收報告，這位董事長有可能親自去向收集各店的營收資料，然後在自己統計嗎？

如果是上百家的連鎖店舖，可能光是統計的時間就不知道得花幾個禮拜才能完成。

但是若一層又一層的分工，到董事長手上的就是統計好的營收資料，這個時候總經理就可以很快地分析與上月和去年同期的好壞，有無改進或是進步的地方，做成一連串完整的報告。沉浮在職海中，總是有不如意的時候，像是降職或調職，甚至轉職的職位比前一份工作的職位還要低，同樣都需要做態度上的調整。

我管過被降職的幹部，也遇到過不少屈居低職位的轉職員工，這類型的員工即使在新的職位環境裡，依舊放不掉先前的工作態度，說起話來頤指氣使的，慎自擅自干涉主管的管理工作，別說主管看不下去，就連其他同事也很不服。

每個職位都有每個職位的基礎工作，即便是過去身為直屬主管，也不一定能夠完全了解到基層的工作細節，所以較為基礎的工作就會很容易就忽略。

比方說當主管時，打掃、跑腿等小事都是指派部屬去執行，當降為基層員工時，這些打掃工作都要自己親自去做，可是因為工作都交由幹部去指揮，所以對於什麼時候要去打掃環境，打掃時要準備什麼工具……這些細節都是自己不清楚的。

但是，因為曾經當過幹部，所以主管針對自己的工作標準自然比一般人還要高，會認為沒有注意到這些細節是不應該的，所以若沒有放下幹部的優勢態度，虛心求教基層的工作內容，就很容易會被主管冠上不認真的壞印象。

因為這些員工都已經習慣幹部的工作態度，一時無法調整到現有的職位態度，這是相當危險的現象，蹲下是為了跳得更高，但是若不能掌握到正確的工作態度，就會導致自己得不到主管的賞識東山再起，反而繼續地墮落下去。

無論在什麼樣的職位，都要將自己分內的工作做好，並且拿捏得當自己的職責和態度，這樣的工作態度才是老闆在乎的。

再怎麼有能耐的人有天終究會到達能力的上限，所以與其自己拼命地撐著，倒不如分工合作來得實際。

這樣的工作態度才是老闆在乎的

學習能夠分攤主管的工作，更可以減少工作上的失誤，可以說是絕對不能少的工作態度。

在職場上，最怕遇到問題，卻還默默地盲目處理，或是不負責任地放任不管，導致一件小問題逐漸演變成難以收拾的大紕漏，最後再花上好幾倍的心力去收拾殘局，所以員工是否擁有勇於求知發問的工作態度對老闆來說非常重要。

這個道理雖然很簡單，卻不是每個人都能夠做得到，更正確地說應該是『不是每個人都做得到發問問題卻不被碰釘子』，相信只要是出社會的各位多多少少都會有相同的遭遇，就是向前輩和主管詢問問題的時候，會得到不耐煩的態度，或是「我不是教過你了嗎？」、「你居然連這個都不會」之類會讓人打消求教念頭的回答。

這樣的情況我也碰過好幾回，所以我可以理解各位退縮的原因，但是為什麼重視員工求知學習態度的主管，卻會在員工發問時做出這樣的反應，難道這又是職場和理論的矛盾嗎？

身為職場上的管理者，會因為員工的流動而重複教導相同的技能與知識，教導的對象和次數一多，自然而然會記不起到底對哪些人教育過，這是人之常情。既然記不清到底教過誰，又是教過誰哪些技能，所以大部份的主管會以年資來認定對方應不應該知道這項工作的操作方式，所以如果平時沒有積極地學習各種工作上的技能，很容易就會在發問問題時被碰釘子。

比方說：剛到超商工作的工讀生，因為還不熟悉關東煮的種類而發問，這就是理所當然，可是這個問題若是由一個工作多年的資深員工來問，就會被認為不應該這個問題而被碰釘子。

但是，不知道的原因有很多，不完全就是因為沒有認真學習，或許對方所問的關東煮種類是新產品，也或許對方剛從內勤工作調職成外場職位，更或許是剛放完長假完而導致對職務工作的不熟悉，又加上是資深人員的身分，很容易就會讓主管下意識地認為這名發問的員工是『不應該不懂』，而回答出不耐煩的話語來。

另外還有一種狀況是，同樣的工作技能教過幾次，但是一直沒有機會實際去操作，或是許久沒有操作過這項工作，相隔一段時間後自然記憶淡忘，可是這個時候求教於前輩或主管時，對方就會自然而然地認為很久以前教過、也已經教過了好幾次，為什麼還是沒學會？

若是基於以上的理由，各位在發問的時候可以改變一下問法，不要直接發問自己的問題，而事先說明自己不知道這個問題的理由，再發問問題就能夠避免這樣的狀況發生。

舉個例來說：

×「主管，發電機的機油是用哪款種類？」

◯「主管，你上次教過我發電機的保養流程，可是我沒有實際操作過所以有點記不清楚了，請問保養的機油是用哪款種類呢？」

但是，若各位是因為對工作產生倦怠感而不學習，卻又為了某個因素想要奮發向上，才開始將之前落後的工作技能趕上時，對主管這樣不耐煩的應對就要有足夠的心理準備。各位想必會理所當然地覺得主管應該對這樣的振作給予鼓勵，但是大家要知道的一點是，職場並不等於學校，肯上進學習是應該的，教導的主管並沒有給予鼓勵的義務。

就算大家無法克服心理障礙，也請各位至少在遇到問題的關鍵點適時發問，還是小問題的時候或許只是叨唸幾句，但是變成大問題的時候可能不是挨罵就可以了事的了，職場上的每個工作都是環環相扣的，其中一個環節出了錯或是拖延到，就會連帶影響其他環節，如同『蝴蝶效應』的影響力。

所以，每個環節都要保持零失誤，才能使整個公司運作順利，而杜絕失誤的基本辦法，就是去努力學習摸索，並且適時地發問求知，就能夠徹底減低失誤發生的可能。

我們公司也有不少的資深人員有相同的遭遇，所以遇到問題時總是會吩咐新進人員詢問，或是先詢問其他資深同事，確定真的難以解決辦法才會親自麻煩主管過來處理。

當然，長痛不如短痛，大家在維修的過程中雖然會以服務顧客為由臨陣脫逃，以免主管維修期間又叼唸些什麼，不過最後還是會詢問問題的發生原因、應該如何解決問題、如果無法解決的處理流程為何等相關問題，以避免日後再發生同樣的問題無法應付，又得再麻煩主管一次，再聽一次對方的叨念。

所以，求知發問的內容不能永遠停留再同一個階段，而要隨著歷練慢慢成長，若永遠沒有進步，總是不斷地重複問些類似的問題，本來應該搏得主管賞識的上進態度，也會因為沒有進步的表現而無法留下正面的好印象。

求知學習固然是職場上應有的工作態度，但是也得拿捏好其中的訣竅，各位有沒有想過當小孩子好奇心旺盛，一直在問「為什麼」的時候，身邊的人常常會露出不耐煩的反應，而不一定是讚許的態度嗎？

除了發問的內容以外，就是發問的次數太過頻繁，也會因為打擾到主管的工作進度而招來厭煩，同樣是求知的工作態度，給老闆的印象卻會不盡相同。

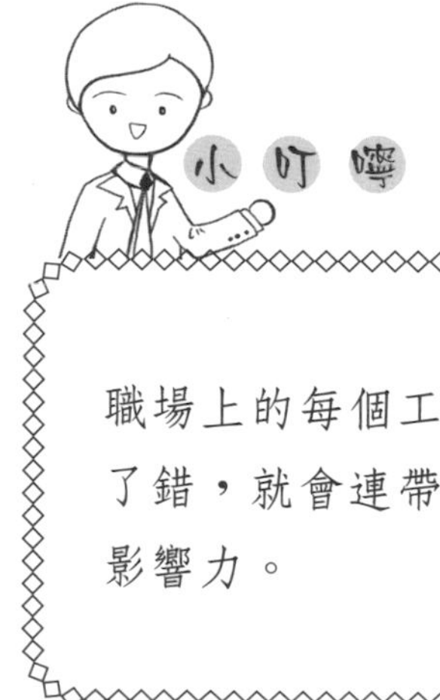

職場上的每個工作都是環環相扣的，其中一個環節出了錯，就會連帶影響其他環節，如同『蝴蝶效應』的影響力。

大局為重，不要太過計較

有些決策是需要時機的，不是可以立馬就能做出裁決，若不能以大局為重，而只注重小節的話，這樣的工作態度是很容易會招來老闆的反感。

相信大家應該看過古裝戲，皇帝雖然是古時權力最大的地位，但是在面對奸臣叛徒，卻也要顧及時機和罪證，忍氣吞聲佈局許久才能夠一舉將其勢力消滅。

這種情形就算換作現代也一樣，即使主管對部屬有管理的權利，但是對於有過錯的部屬，卻還是得顧及個性和工作的影響力做不公平的對待。

在這間公司工作多年，遇到過不少形形色色的同事，雖然每個員工都有各自的優缺點，但是也有不少人是缺點遠遠大於優點，讓別人很難一起共事。

像這類不適任的員工，其實身為幹部的我們就會在第一時間內轉達給主管，即便是經由主管觀察確實不適任，但是有時候的時機特別，比方說是人力不足、對其他員工影響力等等的因素，就會讓主管暫緩處理有關這名員工的去留。

幹部可以理解主管的考量，但一般同事卻沒有辦法這麼想，對於主管不聞不問、又沒有任何作為的處理態度感到不屑，甚至抱持著『這些人可以，我為什麼就不行』的心態跟著不適任員工墮落，最後只會在時機成熟的時候一起跟著不適任員工被解職，吃虧的還是自己。

主管的不公平待遇只是短期，表面上看起來默不吭聲，其實已經悄悄地做好準備，人力不足就找齊員工；有足夠影響力可以慫恿其他員工集體離職或翹班的話，就事先向其他分店尋求人力支援；沒有專業人才就找時間培養其他員工等等……隨時隨地計畫著將不適任員工取而代之。

管理不只是顧及眼前，還得要有長遠的打算，別忘了不適任的員工帶給主管的不利之處多不勝數，換作是任何一個人都不會把廢才放在自己身邊扯後腿的，身為部屬的我們應該做的就是做好自己分內工作，不要去計較其中的公平不公平，主管的百般謙讓不代表就是好事。

但是，若各位在主管的苦心佈局當中，積極地要讓主管了解對方的不適任，甚至是逼迫主管、質問主管這件事的處理，那麼自己可能也在無意間成了主管的眼中釘，從局外人的立場被牽扯進來。

要記住，就算自己有理，也千萬別得理不饒人，有時退讓一步步不要跟人計較，得到的反而更多。不只是主管對每個人的態度和待遇，有時連員工福利也不要太過斤斤計較，我這裡所說的員工福利並不是指加班費、育嬰假這種有法律保障的福利，而是公司企業為了挽留住人才所給予的福利。

現在勞工意識抬頭，大家都非常懂得要爭取自己的權利，但是其中有不少福利是基於挽留人才，或是法令並沒有硬性規定，像是週休二日、年終獎金制度之類的，所以若大家認為這是應有的福利而爭取到底，恐怕就會讓自己的職涯生活面臨考驗。

我們公司的幹部的福利之一就是每個禮拜週休二日，但是由於工作性質是服務業，所以兩天的假日也是要經過排班，不過主管因為是辦公室性質，所以就跟一般的上班族一樣，固定在六、日兩天週休。但是，最近公司為了提供營業量，紛紛強制主管得到前場服務顧客。

原本固定的週休二日偶爾也因為生意好壞而改成跟幹部一樣的輪休方式，雖然假日的天數一樣，卻讓一些養尊處優的主管大表抗議，甚至不遵從公司的指派強行在六日放假，讓老闆相當不滿。

勞基法的法規目前並沒有強制要週休二日，也沒有規定要在六日放假，這些福利完完全全都是公司另外給予的，臨時縮水或是有所變動，這些都在合理範圍當中，若像這些主管一樣認為是自己應有的福利強行爭取，或許眼前真的如你所願，但是後續的考績和年終獎金的部份，可能就會讓自己得不償失。

所以，當員工福利有所銳減時，大家要清楚到這些福利真的是應該屬於自己的嗎？而爭取到這些小福利，相對的有沒有可能損失更大的福利，試著比較其中的利益關係，再決定自己應不應該去爭取。

比方說：主管上下班的時間固定在早上九點到下午五點，但是因為月底工作較繁瑣，為了能夠在上班時間內將工作完成，主管特地提前半個小時來上班處理公務，這就是為了公司營運去犧牲自己時間。

若大家都計較會被公司A走自己的時間，而放任做不完的工作下班，到最後工作效率低迷，影響到今年的考績和年終，這樣計算下來是否真的佔上風？

或許有人認為時間是無法用金錢計算的，但是完成分內的工作，正是公司花錢僱用人才的目的，若偶爾的一丁點犧牲都不願意，會不會到最後連自己的工作位置都會被更懂得為公司著想的人才給頂替呢？

所以，不要太過計較，抱持著『吃虧就是占便宜』的工作心態，才更能夠獲得老闆的認同與賞識，誰說退讓一步就一定吃虧呢。

就算自己有理，也千萬別得理不饒人，有時退讓一步步不要跟人計較，得到的反而更多。

隨傳隨到的高配合度，正是職場所必須的態度

能夠解決主管人力調度問題的高配合度員工，這樣的工作態度自然是老闆所重視的，不過同時也表示自己的生活將被工作給綁架。

說到犧牲，接下來這項老闆所在乎的工作態度，才能撐得上是真的犧牲，若一個拿捏不當的話，要不就是成了配合度低的員工，得不到賞識和器重；不就是成了主管眼中配合度高的好員工，肆無忌憚地被侵佔自己的私人空間。

而需要這個工作態度的源頭，就是因為人力資源的不足，人事成本的考量或許是佔最大的一個原因，但也有不少企業即使是多請了幾名員工來支援，卻還是會面臨到同樣的問題窘境。

人力不足的問題一直得不到良好的改善，那麼，比起多聘請幾個員工的方法，倒不如擁有能夠隨傳隨到的高配合度員工要來得實際，這一點在許多行業上都不另外，從打開求職訊息，幾乎所有企業都強調的『配合輪班』徵才條件，就可以看出端倪。

就因為如此，所以老闆應徵員工時，特別注重能夠全職工作的條件，對於在學進修的學生或是有兼差的上班族可能就會特別考慮，畢竟這些族群是無法滿足主管隨傳隨到的配合度，就僅僅只能在某個時段的班別工作，在缺人時期就會讓主管的人力調派工作產生相當大的困難。

老闆的立場是希望有個隨傳隨到的員工可以協助工作，可是就員工立場而言，是希望有一份可以維持生活品質的工作，所以為了『五斗米折腰』，不得不讓工作綁架自己的私人空間，是每個身為員工都不願意的。

包括主管在內，但是若無法配合工作上的輪班、加班、銷假上班等要求，影響到主管工作上的執行進度，必定會引起對方的反感而成為眼中釘。

不過，若是想要快速獲得主管賞識和升遷順利，隨傳隨到的高配合度的確是相當有幫助的辦法，可是過與不及都會為自己帶來工作上面的負擔。

作者我剛進入職場的時候，對於主管在人力調度上的要求從來不曾推辭，現在想起來也很佩服當年的高配合度，雖然這樣的表現讓我得到主管很大的賞識，但是卻也因此給人極深的印象，每回只要一有調度需求，第一個想到的人選絕對就是我。

雖然我平時沒有什麼生活安排，所以時間上相當彈性，但是沒幾天就來一次的高通知率，讓我感到相當厭煩，到最後甚至一聽到公司打來的電話就會開始緊張膽怯，也就是所謂的「手機症候群」。

所以，雖然在職場上高配合度相當吃香，卻也很容易讓主管食髓知味地『只』使喚自己，即使還有其他放假或其他班別的最佳人選可以聯絡，可偏偏電話卻只會打給幾名高配合度的員工，就算這樣會導致這些人員的上班班別和輪休亂七八糟也無所謂。

因為這些人已經被主管認定『絕對會配合輪調的員工』，為了不浪費聯絡的時間，在需要人力調動的時候，他們就會是聯絡的第一人選，相對的，若是哪天當這群員工突然不能配合，就會遠比其他員工還要更讓人不能接受。

若想工作順利，就不能拒絕主管的調派，但若不想成為被主管使喚的好用員工，就不能完全配合主管的調派，可是中間的取捨又該怎麼做才能夠適當呢？各位可以試試，在臨時接獲加班或銷假通知時，千萬不要二話不說就答應，並且火速地趕去上班，而是要找個理由推拖，向對方聲明因為有事要辦得晚一點才能去。

這樣的目的不是為了讓對方改找其他人，是要讓對方認為自己並非可以隨傳隨到。不是不去，只是不能馬上到。

這樣既不會讓人產生不配合的負面印象，也可以避免被主管貼上『隨傳隨到』的高配合度標籤，影響到自己的生活品質，這樣即使沒有高配合度的口袋人選，也會考量班別和輪休天數因素來做合理連絡，這樣的配合才能公平。

每個人在不同的工作階段，對工作的要求都不盡相同，一開始工作總想著要努力賺錢，所以會對休假日數斤斤計較。到後來獲得了理想的工作狀態，薪水福利有了一定的水準，就會變得注重生活品質。

反而對人力調度上的配合度意願就會降低，為了避免因為不同時期的心態而影響到主管眼中的好感，降低或是杜絕人力不足的真正主因，才是根本之治。

同事A是公司的幹部，所以被主管認為理所當然要配合人力上的調度，A也覺得這點相當合理，但是太過頻繁的次數卻讓人覺得相當困惱，A試著追究其原因發現人力之所以會這麼吃緊，並非是員工人數不足。

而是因為一、二名員工因為貪玩，看準主管對於以病痛為由的早退或臨時請假都會輕易批准，而且還不用繳交醫生證明，所以才會無法無天。

在A跨班別的嚴格高度管理下，這些員工這才安份下來，不再滿身病痛，把這樣的亂源給制伏住以後，這樣的人力荒才開始逐漸穩定下來。

雖然最佳的理想是生活與工作分開，但是若想要在職場上安然度日，那麼就得要有不時會被工作打擾了生活的心理準備，因為高配合度正是每個老闆最在乎的工作態度，作為員工的也只有接受的份。

若是想要快速獲得主管賞識和升遷順利，隨傳隨到的高配合度的確是相當有幫助的辦法。

遵守SOP流程工作，減少出錯機率

SOP是結合了法律以及經驗而成的標準作業流程，若貪圖一時方便，而省略了其中的步驟，就容易增加出錯的機率，這是老闆最禁忌的。

就公司企業的立場，SOP是結合了法律和經驗而成的標準流程，遺漏了任何的步驟都有可能導致失誤產生，這話說的並沒有錯。但是有時理論不免要和現實做一些妥協，不過這並不代表作者我完全否決掉標準作業流程的意義。

舉個例來說：公司為了避免弊端產生，全面規定顧客未持會員卡禁止積點，這讓原先習慣報卡號的客人相當困惱，所以經常得花時間跟顧客解釋，到最後員工們為了節省麻煩，還是會讓顧客以報卡號的方式來積點。

若以這個例子來看，各位是覺得員工的行為是提高效率，還是簡化作業流程增加麻煩呢？

沒錯，節省與顧客解釋周旋的時間，甚至提高了顧客上門購物的意願，的確是提高效率的辦法，但是反過來講，這樣的行為也是有相當大的隱患。

若是員工因為聽錯卡號，導致將點數累積到另一名客人的卡片上，而顧客發現卡片的資訊不對，回過頭找員工理論造成了糾紛，然而這起糾紛之所以會產生完全就是因為該名員工不遵守標準作業流程，導致出錯的發生。

大千萬不要抱持著大家都這麼做，所以我同樣這麼做也沒關係，這樣的想法是不對的，若同為連鎖公司的員工，A分店允許報卡號，B分店卻說什麼都不允許，到時候顧客自然會因為糾紛或客訴得知誰對誰錯，老闆也自然會調查哪個職員不守規定，所以明哲保身是最要緊的。

所以說，若簡化作業流程容易導致錯誤產生，就不應該為了提高效率而去做，否則若發生問題，為主管惹無謂的麻煩，結果只會減少主管的好感度，根本沒有任何的好處。

每當公司裡發生了問題，老闆絕對是先詢問發生過程，然後從中分析問題發生原因，是否因為對方違反標準作業流程所致，不過，發生問題的絕大部分原因，的確是因為當事人貪圖一時方便簡化作業流程，才會造成錯誤的產生。

最常見的簡化作業流程的例子應該就是屬工地工人進行高空作業，沒有依照法律規定佩帶安全帽等防護工具，即便是公司有作業流程上面的規定，又有提供防護工具，僅僅只是因為員工不願意佩戴，但是意外責任還是得由公司負責。

請各位試想，若這樣的情形換作是個人，自己明明跟B說不可以這麼做，但B還是做了，等被發現的時候，被罵的不只是B還有已經盡責的自己，會不會覺得很冤枉呢？

那麼相信你就可以明白公司對於盡責卻還被處罰的結果有多麼不服，當然，連帶責任的主管們對於這樣的無妄之災有多麼無奈，所以自然對於部屬們因為不遵守標準流程而導致的麻煩，就會格外地注重。

因為標準作業流程是集結著經驗，將所有會發生問題的避免動作不斷地加入，所以流程只會愈來愈多，愈來愈頻繁，而不會減少。公司記取自己和同業所發生的教訓，不斷往作業流程加步驟，卻沒有實際體驗員工的忙碌程度，所以才會讓很多員工為了自己著想，省略掉一些根本不必要的流程。

但是，有許多規定的背後意義各位都不明白，標準作業流程的條例只會列出項目，卻不會列出違反可能造成什麼樣的後果，那麼光就員工自己用主觀的方式評斷必不必要，有時候也是不夠客觀的。

像是我們公司前陣子發生的公款盜取事件，助理因為貪圖方便，將明日要送交保全的營業款項放置內部金庫，而非有開鎖時段限制的金庫，導致直屬主管趁機盜取，損失慘重。

或許助理會覺得說，兩個金庫都有密碼保護，即便是一般金庫沒有開鎖時段的限制，可是樓下還有大夜班的員工固守，外人是絕對不可能能夠入侵、解鎖、盜取卻不被發現，但是對方又怎麼會想到有內賊的可能。

到底省略作業流程的步驟有沒有隱憂，大家真的要好好的想一想，甚至要抱持著『被害妄想症』的心思將所有可能想過一遍，確定真的安全無誤才做出決定，這樣才不會為了一時方便，甚至為了提高效率獲得老闆賞識，最後卻反而出了紕漏，結果只會得不償失。

在職場上，大家多少都會簡化標準作業流程步驟，但簡化的步驟到底是省略，還是不可少的步驟，關係到為什麼有人可以提高效率，有人卻反而受到老闆責罵的差別待遇。

MEMO

Chapter 2

如何提升工作效率

工作分配，
是提升效率的核心

所以當工作臨頭時，該如何有效分配工作，不只考驗主管的學問，也能趁機觀察員工能否勇於扛起責任。

除非是一種非自己的工作屬於單獨作業，例如業務，不然當主管在檢視工作成效時，往往是以「團隊」或「部門」為單位。

因此工作職場常常發生這樣的狀況：明明案子之所以能完成，都是靠自己不眠不休找資料、作報告、寫結案，可是最後怎麼被表揚的都是別人？這些看在苦勞付出者的眼中，又是多麼情何以堪？

員工最後難免衍生忿忿不平的情緒，當然很難對公司及工作產生凝聚力，還很可能因此導致部門內的派系鬥爭。

而最嚴重的，莫過於大部分上班族都相信「努力付出就應該有成果回收」的潛規則被打破——既然多做並不會有比較好的報酬，又何必那麼積極？

所以想當然爾，不論是團隊或個人的工作效率，都會因此無法被提升，是不論主管或員工都不樂見的情況。所以當工作臨頭時，該如何有效分配工作，不只考驗主管的學問，也能趁機觀察員工能否勇於扛起責任。

術業有專攻

以一間餐廳為例，我們很少看到服務生負責兼任廚師，一方面是因為就算服務生烹飪技術如何精進，都不如廚師來得專業；二方面則是廚師對於火侯、調味的拿捏更有經驗，所以一道僅需十分鐘就可以送上桌的餐點，服務生可能需要十五分鐘才能完成。

餐廳的營運如此，職場工作亦如是。尤其越複雜的工作，越需要清楚的分工。像是電影的上映，必定集結眾人的努力，包括製片、導演、美術、剪接、攝影、燈光、演員、梳妝、配樂……等等。

如果讓美術負責配樂，豈不是本末倒置？所以遇到新工作的挑戰，不妨先靜下來思考該如何切割成細項，並交由適合的人負責，才有事半功倍的效果。

權責分配清楚，避免工作重複

工作被清楚畫分的另一個好處，就是可以避免同樣的事情被一做再做。許多人遇到看似困難的工作時——例如一份數萬字的結案報告，基於減輕員工或同事的負擔，便交由一個以上的人負責撰寫。

雖然出發點是好的，可是一旦這幾位被指派的人沒有將彼此應該負責的範圍討論清楚，除了很可能發生大家都重複寫了同樣章節的情況，每個人交稿的時間還不一樣，延宕大家的工作行程，浪費彼此寶貴的時間，而且最後還需要再挑選一名代表彙整眾人的報告，導致工作效率的低落。所以分派工作時，務必詳細解釋希望對方完成的任務及期限。

工作分配是勇於扛起責任的表現

許多人為了維持自己的好關係或好形象，即使公司指派了不應由自己負責、或是自己並不擅長的工作時，往往摸摸鼻子自我安慰：委曲求全，以和為貴。偶一為之或許還可以，但如果是常態性的分配錯誤，不要再吝於啟齒，直接告知主管，或是將工作交給真正善於處理此類事務的同事。否則長期下來，不但會讓心理壓力遽增、拖累自己原本應該處理的「正事」，還會影響個人在主管或同事眼中的工作表現。

例如專營銷售的公司，本有其專業的行銷部門，卻要求從事末端銷售的自己擬定下一波的主打優惠。雖然與客戶第一線接觸的就是這些人員，理論上應該最清楚商品的銷售狀況，但是當銷售量不如預期時，責任很可能會被推到原本不應該負責這些工作的銷售員身上。

責任的推卸不只反應出個人的道德與操守問題，一個越強大、越有效率的工作團隊，越不應該出現這種情形。因為既然可以不用負責，相對代表自己在執行工作的過程可以不需要那麼費心，最終成效想必也不會太好。

而清楚的責任指派，不只是一種「責無旁貸」的態度培養，也可以衍伸為公司讓員工學習如何對自己及工作負責的文化，才能有效提升工作效率。

拒當無頭蒼蠅！
擬定工作方向的三大原則

不是工作量太多導致自己常常加班，那很有可能就是因為自己並沒有妥善地規劃「工作時間表」。

面對總是做不完的工作，導致不得不無限加班或把工作帶回家，因此壓縮了自己的休息時間，而對工作產生厭倦嗎？如果不是工作量太多的問題，那很有可能就是因為自己並沒有妥善地規劃「工作時間表」。

此處所指的「時間表」，並非紀錄何時何日做了甚麼事的流水帳，而是當主管指派任務給自己的時候，請先思考三個問題：

首先要做的是甚麼？

例如主管指派的工作內容是「提升本月的業績」，不妨思考該做甚麼才能達到目標，包括拜訪時常往來的客戶，提高單筆訂單的金額；在路上發名片，廣增客源；或是反向思考，可不可以與公司的行銷部門合作……等等，目的是為了確定工作的大方向。

哪些工作是可以同時進行的？

在確定方向之後，進一步思考有哪些工作是可以同時進行的，用以提升工作效率。例如在外跑業務時，有沒有可能同時物色展示公司商品的場地？

或是沿用前述的例子，當自己決定以既有客戶為這個月的工作重心後，進一步拓展思考公司有沒有其他產品可以推廣？或是之前哪一位客戶曾對公司的商品有甚麼樣的建議？做好事前功課，就能在拜訪客戶時一併提出，當然會有意想不到的收穫。

哪些是自己可以直接控制的因素？

許多工作的突發狀況往往讓人措手不及。雖然很難事先預防，但起碼要做到事到臨頭時不會自亂陣腳，所以應該盡可能把自己「能」與「不能」控制的因素清楚區分。例如向客戶推廣新產品時，一定要知道這項商品的優缺點，以免客戶詢問時啞口無言。不但會讓人感覺自己不夠專業，也會有損長期培養的形象與口碑。

沉浮在職海中，總是有不如意的時候，同樣都需要做態度上的調整。

了解自己的「黃金工作時間」

管理時間表不只是顧及眼前，還得要有長遠的打算。

晚上沒睡飽，早上到公司總是昏沉沉？還是午休剛起床，整個人還沉浸在朦朧的睡意中意識不清？想要提升工作效率，當然要避開這些危險時段，學習掌握個人的黃金工作時間，否則小心工作越做，錯越多！

基於每個人的生活作息都不同的關係，有些習慣早起的人，頭腦在清晨的時候最清楚。那麼不妨趁這段黃金空檔大致思考今天的工作內容及順序，待進公司與主管確認、收過電子信箱後再進行詳細的確認與執行。

如果是頭腦越晚越清醒的「夜貓族」，當然就要把握夜深人靜時工作，因為沒有人想要在自己腦袋亂成一團糨糊的時候處理複雜的任務。

因此了解自己最有活力的時間，就是你的「黃金檔期」。至於其他不是那麼需要腦力的瑣事或是小事，留給像通勤這種零碎的時段，是善用時間、提升效率的不二法門。

職場並不等於學校，肯上進學習是應該的，教導的主管並沒有給予鼓勵的義務。

省略打擾行程的小事

管理時間表不只是顧及眼前，還得要有長遠的打算。

當自己終於靜下心，準備認真處理手邊的案子時，接二連三的小事總是讓自己分心嗎？

又，好不容易再次將工作重點放回原本的待辦事項時，卻發現剛剛培養的思緒已經「一去不復返」了嗎？

如何擺脫那些會影響今日行程的小事，就是提升個人工作效率的祕笈。

關掉無謂的干擾

因應現代幾乎人手一支智慧型手機的新生活型態，許多app程式，包括即時通訊軟體（Line、Skype、What's app……等等），或是手機遊戲的通知聲，都是會影響人們專心工作的干擾。既然都決定靜心認真工作了，不妨把這些通通關掉，只把工作時間留給最重要的人，像是同事、主管或老闆。

固定時間收發e-mail

電子郵件儼然已經成為現代人不可分割的工作好夥伴，因此每天收到數十封e-mail這樣的情況，幾乎可以說是每位辦公室人員的工作常態，所以也有人養成三不五時就點開信箱，看看有無新信的習慣。

這樣的行為固然不會錯過任何訊息，但不論訊息是來自公司內部或客戶，通通必須照單全收，因此也會讓一些真正重要、亟待處理的要事被忽略。

建議不妨讓自己養成固定時間收發e-mail的時間，例如早上剛到公司的時候，以及午休過後的下午兩點，並藉機過濾具有時效性或茲事體大的信件，再列入今天的工作事項，才不會讓它們成為打擾自己專心工作的不定時炸彈。至於那些只是轉寄好笑文章的垃圾信件，還是留待下班後再好好享用。

事情要分輕重緩急

公司預定下午開會，需要彙整的報表堆積如山。可是偏偏同事又在討論自己必須處理的另一件案子……兩邊都是重要的工作，讓人左右為難、不知是好嗎？那麼如何判斷事情的輕重緩急，就是自己的第一步功課。

早上剛到公司，收過e-mail、聽完主管的交辦事項後，剔除比較沒那麼緊急的工作，或是明天再處理也可以的事，基本上就已經可以列出一張今天有哪些該做的工作清單。當然，清單上的工作是否能在今天順利完成是另一回事，但重點是讓自己在心態上做好處理這些事的準備，還可以順便確定今天一整天的工作方向，而不至於兵荒馬亂。

回到前述的例子——既然下午要開會，如果時間上不是很緊急的話，與同事討論工作當然無妨；反之，當然要優先整理會議需要的報表，因為與同事的討論可以擇日再議，而非一定要在這種時候占用自己的寶貴時間。

並不是說同事或案子不重要，而是兩相權衡之下，此時參與同事的討論並非明智之舉罷了。

工作倒推法

該如何完成一件工作，通常都有既定的流程。如果可以針對這些行程一步步倒推，就能排出完美的行程表。

面對主管的交辦事項，常常不知道該從哪著手，因此感到工作挫折感很高嗎？其實未必是工作真的很困難，通常最大的問題是出在自己並不知道該如何安排時間而已。

該如何完成一件工作，通常都有既定的流程。如果可以針對這些行程一步步倒推，就能排出完美的行程表。

例如網路上曾經流傳一篇文章：美國一位並不精通音樂的素人，預計五年內出一張自己創作的唱片，聽起來多麼癡心妄想！不過根據他的時間推算，至少必須在第四年聯絡唱片公司、著手錄音；第三年的時候就要準備好自己的音樂創作，那麼第二年就要潛心學習如何寫歌譜區。

所以在此之前——也就是處於「現在」的第一年，起碼要學會一種樂器。

原本看似遙遠的夢想，竟然就這樣在突然間變得可能。所以如果把這樣的方法套用在工作上，當然能幫助我們完成更多「不可能的任務」。

而且因為這種倒推法已經排出了許多細項工作的截止期限，若能在時間內將工作逐步完成，也會成為推進自己努力工作的成就感。

倒推法已經排出了許多細項工作的截止期限，能成為推進自己努力工作的成就感。

改頭換面，就從改善惡習開始

除非是刻不容緩的重要事務，不然最好能盡量避免臨時召開會議。

明明自己每天準時上班，可是到底為什麼該做的事情總是做不完？而且還感覺重複的事情一做再做？

這些看似上班生活中屢見不鮮的事，其實都是導致個人工作效率低落的隱性原因——畢竟時間是如此寶貴，如果因為工作效率不彰而壓縮了私人時間，只會讓自己陷入工作做不完的惡性循環，又怎麼能提升個人績效？所以務必養成良好的工作習慣，提升個人競爭力！

一、避免無謂的會議

「開會」是公司將員工齊聚一堂，讓各部門平行交流，或是讓員工針對某個主題發表個人意見的方式，例如常見的周會、月會，以及部份創意工作的腦力激盪會議。

不過一旦會議開得太頻繁，不但會占用員工處理手邊工作的時間，不得不犧牲私人時間完成公事，也會讓人疲於準備會議資料，久而久之就會對工作產生龐大的無力感。

因此不妨翻閱個人過去一個月內曾經參與的會議，並給予一至五分的評分標準。如果認為會議對自己的工作非常有幫助，給五分；覺得完全無法產生作用的，則以一分計。

藉此統計出的結果，可以讓身為召開會議的主管們檢視有哪些會議是可以省略的，提升下屬或員工的工作效率。

另外，除非是刻不容緩的要事，不然最好能盡量避免臨時召開會議。不管會議的目的是甚麼，員工都需要時間才能準備充足的資料，會議才能開得更有效率及建設性，否則只是徒然浪費大家的時間，完全喪失會議的功能。

二、別讓自己變成「差不多先生」：準時

上班準時是基本的倫理道德，不過這裡所說的準時，意指「對時間精準度」的拿捏。許多上班族必定都有過這樣的經驗：原本說好下午兩點開會，可是因為主管與其他高層的會議還沒結束，因此開會時間一延再延。

雖然會議晚個幾十分鐘再開也沒關係，但長久如此，只會讓大家習慣於「時間」的延宕，當然就無法要求工作效率的精準了。例如原本預計這周必須繳交的報告，很可能因為這種類似「差不多先生」的心理因素，而覺得遲個一兩天再交也無所謂。

莫說小事如此，當事情堆積如山的時候，真正應該被完成的大事不只會因此被耽誤，還可能因為與時間賽跑而交出不夠漂亮的成績單——就像我們催促裝潢的工班師傅盡速完工一樣，對方又怎麼可能在時間壓力下顧得了品質呢？

三、提早暖機30分鐘

有些人習慣比別人晚30分鐘下班，好處之一是可以避免下班擁擠人潮，另一方面是比別人多了半小時處理公務。想要提升個人工作效率，不妨用同樣的道理看待「上班」——每天提早30分鐘上班，好處遠比晚一點下班還多。

每個人多少都有遲到的經驗，所以我們可以回想起床時發現鬧鐘的時針早就超過上班的時間，自己是如何焦躁不安；不只原本應該愉快的工作心情被破壞殆盡，連今天的工作行程也被耽擱。

相較之下，準時抵達辦公室這種看似稀鬆平常的小事，實是幫助我們掌握個人工作節奏，以及營造整天好心情的重要推手，更遑論提早半小時上班，可以給自己更充足的時間做好面對工作挑戰的心理準備。想像自己在交通還沒進入尖峰期搭上公車或捷運，就不用因為分秒必爭而讓一大早的心情陷入焦慮，還多了一份悠閒得以好好觀賞城市美景。

進入辦公室後，吃完早餐還有多餘的時間泡杯熱咖啡、幫桌上的盆栽澆水、與同事互道早安、沉澱個人思緒，以及整理工作的大小事，並在今天逐一完成——如此完美的一天，不僅可以幫助維持良好的工作心情，即使突逢巨變也能從容面對，還因為提早條列代辦事項的關係，能讓自己知道今天的方向，工作當然更有效率。

四、隨手紀錄好習慣

有時候工作就像打仗：突然間不分輕重緩急，事情全都一股腦地派到自己頭上。除非是馬上必須處理的公事，不然大部分人習慣先將簡單的小事解決，其他留待日後再慢慢消化。不過由於這種突發性的狀況，很容易讓人變得心浮氣躁，腦袋的思緒當然就沒辦法像平常那樣有條不紊，所以很可能當自己處理完小事之後，便因此忽略或忘記了某些更重要的大事。而「隨手紀錄」這樣的動作，就是提升個人工作效率不可多得的好習慣。

勤作紀錄的目的，是為了提醒剛結束上一段任務的我們，迅速將專注力聚焦於下一個目標的方法。而且因為紀錄可以幫助我們的大腦加深印象——就像求學時的國文默寫，有人習慣以重複抄寫代替課文背誦一樣，所以比較不容易忘記代辦事項。例如日積月累的公帳發票，一旦錯過請款期限，先前代墊的費用只能自行吸收。

如果工作忙碌的自己常常忘記在期限內報銷，不妨透過這樣的習慣加以提醒。所以不論是在辦公室，還是通勤時靈光乍現想到的事，最好都可以馬上將重點紀錄下來。

既然是筆記，當然不限文字或圖像。尤其對部分創意工作者而言，這樣的作法反而更能幫助我們將腦海中原先模糊的想法「具象化」，讓思路更清晰。不過如果是以文字筆記的話，盡可能不要三言兩語簡單帶過，越清楚詳盡越好。

此外，因為許多人的工作並非一直待在辦公室，隨身攜帶紙筆的困難性較高，所以此處所指的紀錄，並不是一定要用便利貼或便條紙。像是手機的「筆記本」功能，或是可以設定時間的鬧鈴，都是拜現代科技所賜的好幫手。當然，如果自己的工作必須常常與網路為伍，那麼像「Read It Later」的程式就是可以善加利用的工具。

不論是在辦公室，還是通勤時靈光乍現想到的事，最好都可以馬上將重點紀錄下來。

休息，是為了走更長遠的路

把工作帶回家能否有效提升效率，大部分的專家還是抱持否定的態度。

根據專家學者指出，「適當的休息」是可以讓我們在工作與個人身心健康取得平衡的重要方法。

因此不論你是可以工作到廢寢忘食的工作狂，或是習慣將公務帶回家處理的專業人士，最好能養成適時休息的習慣，才能讓自己工作「越來越有勁」。

每隔40分鐘的適當休息

雖然說專心工作是好事，而且因為個人專注力的極度聚焦，往往工作成果也較有效率，但有些人常常一工作就忘了時間，不只對人體健康十分具有殺傷力，長時間如此，工作效率反而會因此低落。

每工作35到40分鐘就可以休息5至10分鐘的上班人士，相較於那些沒有休息時間的人而言，因為生理與心理得以恢復工作時的疲累，後續的專注力及工作效率反而會更突出。因此建議不論是久坐的上班族，或是長時間勞動的服務業，最好都能養成這樣的習慣，是可以有效提升工作效率的撇步。

公私分明，有效舒緩工作壓力

面對臺灣「上班打卡制，下班責任制」的現象，有些人寧願折衷將工作帶回家處理。雖然居家的工作環境的確會比辦公室來得舒適，例如可以一邊聽音樂工作，或是疲勞的時候瀏覽網頁也不用擔心被主管認為自己在打混摸魚。

但因為這些因素都很容易中斷工作時的專注力，且許多人回到家，很少能維持高昂的工作情緒，因此把工作帶回家能否有效提升效率，大部分的專家還是抱持否定的態度。

不過這並不是說努力工作是一件壞事，而是因為「下班」是可以讓我們緩和個人情緒的分水嶺。一個人如果長期處於工作的情緒，不只心態上容易疲累，工作也很難提起精神、積極處理；甚至會因為心理影響生理的關係，讓身體健康亮起紅燈，諸如偏頭痛、腸躁症……等等。

除了上下班時間最好能有明顯的區分之外，也因為現代人工作的關係，每天都花很多時間與電腦為伍，深陷「非1即0」的世界，久而久之，腦袋當然很容易僵化。因此如果狀況允許，建議可以善用下班時間做些非數位化的事，例如閱讀，或是花錢上一些自己有興趣的課程。

其他像是運動、旅行，則可以加強個人的感受及專注力，還能維持身體健康，是遠比直接提升工作能力和效率更重要的事。

最好能養成適時休息的習慣，才能讓自己工作「越來越有勁」。

增加執行力

把工作帶回家能否有效提升效率，大部分的專家還是抱持否定的態度。

一、重複利用既有的舊作品

既要負責舊企畫的報告，還有新提案的簡報，以及其他做不完的報表嗎？

想到這些堆積如山的待辦事項，自己又不是無所不能的超人，因此感到頭痛而且不知如何是好嗎？想要一口氣解決這些煩惱，就看自己平常有沒有養成「保留舊作品」的好習慣。

大部分人的工作都有著既定的模式。以從事活動企畫的人來說，步驟多為準備提案、撰寫企畫書和預算、製作簡報、得標、執行企劃、結案。由此可看出，前置作業是相關人員在辦公室最忙的時間點。

所以除非是第一次從事工作的社會新鮮人，只要是有過相關經驗的上班族，都應該有企畫書或預算表這樣的檔案。因此當類似的工作出現時，只要以這些舊檔案為藍本稍事修改，就可以迅速做好新企畫所需的資料，是想要提升個人工作效率，一定要學起來的實用技巧。

雖然對於少部分的完美主義者而言，重複的東西不停被拿來回收再利用，並不符合他們心目中「完成工作」的標準，但畢竟每個人每天就是只有二十四小時，能負荷的工作量始終有限，因此與其要求100分的工作水準，不如退一步將標準放在80分。

否則為了那區區20分的差別，很可能就要花上自己好幾天，甚至一、兩個禮拜的時間，因此站在投資報酬率的角度來看，實為不智之舉。

再加上很多工作都有時效性，所以除非時間充裕，不然建議保持「先求有，再求好」的心態，才能把自己的工作效益發揮到最大。

二、別用e-mail討論，拖垮工作進度

電子郵件因為縮短紙本書信寄送的等待時間，讓工作處理變得更為即時，對於公司行號來說，還省下了可觀的郵資支出，因此一躍成為現代人在工作上不可或缺的好夥伴。

不過可能也因為這些特性，讓不少上班族逐漸養成用電子郵件討論公事的管道，卻不知道自己的工作效率就是因此被拖累的。

當工作上出現需要「討論」的事項時，傳統的公司作法多以「會議」為眾人發表意見的管道，好處是可以一次性地掌握執行的重點或方向，缺點是必須占用大家的工作時間。而用e-mail討論工作的方法，雖然的確改善了會議的缺點，卻很容易因為「你一言、我一句」的書信來往，讓公事變得難於處理。

例如「公司該如何改善既有的產品，以期提升銷售量」這種較為開放性的議題，每個人都會提出不同的建議和做法。再加上眾人收信的時間點都不盡相同，很可能早上十點的建議，被下午兩點才回覆的電子郵件所反駁。

因此就算特別指派某個人統整這些意見，仍然不如直接開會做會議記錄來得有效率，所以還是別把e-mail當作工作

的萬靈丹為妙。不過如果只是用於轉達少數人才必須知道的訊息，例如向主管報備自己的工作進度、請求主管指示，或是詢問客戶使用公司產品的意見。

只要在正確的條件限制下，e-mail的確可以發揮所長，對工作上產生莫大助益，有效提升個人的工作效率。

三、別再一心多用！一次只做一件事

自己在辦公室正忙碌地準備稍晚會議的資料，還要回覆客戶的e-mail，突然有外線電話要接，又要指示公司的新進同事如何做結案報告……當個三頭六臂的超人或許會讓人覺得很神勇，而且感覺自己的工作表現很好，卻是讓工作效率低落的原因之一！

美國猶他州立大學曾經做過這樣的實驗：他們找了310位學生，一邊請他們記憶單字，一邊問他們簡單的數學問題。即使有超過70%的實驗者堅信自己有超乎常人的「一心多用」的技巧。

但實際的測驗結果，卻是這些被分散注意力的人，所得的測驗分數遠低於那些專注於單一任務的學生，因此可以確知：當外在周遭不停有其他事情打擾自己的時候，難免會降低個人專注力。

同樣的結果也發生在工廠：那些習慣一次做很多事情的工人，相較於那些一次只做一件事的人，產量比他們少得多。這就像畫家在創作時，不太可能另一邊還在與人高談闊論；或是有些公車會在車廂貼出「禁止與司機聊天」的告示牌，也是同樣的道理。

所以戒掉當「超人」的壞習慣，改以養成將手機的即時通訊系統關機，固定時間檢查e-mail……等習慣，都是將工作聚焦、提升個人工作效率的好方法。

四、工作，就是要做好最壞的打算

這裡的意思並不是說鼓勵自己當個悲觀的人，認為所有事情都會往不好的方向發展；而是在著手進行某一項工作前，最好能預設所有的情況，並務求自己在各方面都有所準備，才能「以不變應萬變」，而不會面臨突發狀況的時候不知所措，當然就不用花時間把工作從頭再做一遍。

例如向客戶提案的時候，如果可以事先預設客戶會問哪些問題，並針對這些重點演練該如何回應，那麼就算客戶再怎麼刁難，都會在個人的掌控中。與毫無準備或準備不夠充分的人相比較的話，不但可以營造個人的專業形象，二來還可能因此締造個人佳績，成為主管或老闆眼中不可多得的好人才。

五、做事一次到位

自己是否有過這樣的經驗？明明準時交出主管交辦的工作事項，結果成品卻總是被一而再、再而三的退回重做呢？因為原因很可能就出在自己根本沒把事情做好！

曾經網路上流傳這樣的故事：老闆請了兩位秘書，一位是做了多年的秘書A，另一位則是上班剛滿一年的年輕秘書B。適逢公司考核，A發現B加薪了，自己的薪水卻是不動如山，一怒之下便向老闆表達不滿。

結果老闆非但沒有生氣，反而氣定神閒地說：「大家都說秋蟹最美味，剛好中秋節快到了，今年我想買螃蟹送給幾位重要客戶，妳幫我查一下螃蟹價格吧。」

A很快地向老闆回報「螃蟹一斤300元」的結果。老闆聽了之後說很好，還讚賞了幾句辦事效率很高的好話，然後又把秘書B叫進辦公室，交代了同樣的事。

過一陣子B走回辦公室報告：「螃蟹會依品質、大小和品種而有不同的價格，但是老闆您剛剛只說想買螃蟹，並沒有特別說明想買哪一種，所以經過我的查價後，花蟹每斤XX元、紅蟳每斤XX元、處女蟳每斤XX元。如果您想送客戶更好的螃蟹，帝王蟹或沙公是不錯的選擇，但價格偏貴，每斤約XX元。此外，以上各種螃蟹的廠商資訊也都查好了，您只需要挑一種您認為可以的品種就能馬上訂購了。」

聽完報告的老闆點點頭，向坐在對面的A說：「現在妳知道為什麼她會被加薪了吧？」

故事中的A雖然完成了老闆交代的事項，但很明顯的，她只是基於一種「交差了事」的心態來做這件事。反觀一樣完成了工作的B，卻做出全盤且更為詳細的分析。所以工作是否能讓老闆或主管滿意，就看自己能否花更多的心思，讓事情一次到位、無可挑剔。

否則同樣的一件事老是一而再、再而三地重做，不只會打亂自己今天的工作行程，心理上也容易因此感到不耐煩，甚至有可能產生「主管在刁難自己」的錯覺而心生不滿。當然最嚴重的影響，莫過於主管對個人工作表現的觀感，例如做事總是懶懶散散、不夠細心或粗枝大葉。

而且既然工作臨頭，是無論如何也無法推卸的責任，因此建議用這樣的心態面對挑戰，不但有助於提升個人的工作效率，也能讓主管對自己刮目相看！

高效率辦公桌，step by step

我們也不可能將早已堆積成山的諸多事項熟記於心，難免影響自己的工作表現。所以如何整理辦公桌，也是提升個人工作效率的好方法。

把握斷、捨、離的原則

已經用不到的東西，當然必須盡可能不要出現在辦公桌上。除了可以把省下來的空間放置與辦公相關的重要物品，還可以讓辦公桌看起來更整齊，讓人工作的心情變得更好。

例如已經結案或過期的檔案，如果確認已經不再需要這些紙本，可以直接丟進公司的紙類回收箱；公用的物品諸如信封、膠帶台，請直接放回原處；該還同事的資料夾，也馬上還給對方，只需要留下用得到的物品或備品，像是牛皮信封、茶杯……等等。

小文具代替大型文具，還給辦公桌乾淨空間

例如舊式的膠帶台不只占空間又笨重，許多廠商們因此發展出更輕便小型的膠帶台。兩者功能不但一模一樣，後者還可以收到抽屜裡，而非一定要放在辦公桌上才可以，當然就能省出不少辦公桌的空間。

同心圓原則——最常用的物品離自己最近

以自己為圓心，畫分出自己在辦公桌中拿取物品最近、而且最順手的位置，並將常用的辦公用具放在那裡，像是筆筒、釘書機、剪刀、膠帶、便條紙……等等。如果是比較不常用的東西，當然就可以放得遠一點，以此類推。

物以類聚的原則

辦公用品中不乏散落的小零件，例如訂書針、迴紋針或燕尾夾，最好能用小盒子將這些東西裝起來，並固定擺在同一個角落，方便下次使用時拿取。

固定用品放在相同之處

別說是在辦公室，就算是在自己家裡，也常常有找不到要用的物品的困擾。尤其是在需要講求效率的工作場合，務必養成眾多物品放置的在固定地方的習慣，需要的時候就不用東翻西找，有效提升工作效率。

段標：這裡也不能忘記！聰明的抽屜收納

光是整理辦公桌還不夠，尤其是現代幾乎可以說是辦公室基本配備的抽屜，如果裡面亂糟糟，東找西找一樣會浪費時間。

因此以三層的抽屜為例：

第一層抽屜根據同心圓原則，以收納最常用到又容易散亂的東西為主，例如印泥、印章、名片、各色便利貼……等等。至於剩下來的空間，不妨加工A4紙箱，成為抽屜裡放置廢紙的紙盒。一方面可以充當便條紙，另一方面是需要影印的時候，不用再浪費紙張，直接將這些舊有的廢紙回收再利用即可。

第二層抽屜可以放一些較少用的辦公文具，像是信封、光碟片……等等，或是女性的貼身私人物品，諸如衛生棉，以免被同事拉開第一層抽屜看到的窘境。

此外，許多上班人士都有準備零食的習慣，所以除非公司有配給額外的置物櫃，不然像麵包、餅乾、泡麵這類的東西放在此處為宜。

由於大部分辦公抽屜的第三層多為深且高，因此像卷宗類的物品最適合放置於此。不過為了增加翻找時的效率，平時最好就能養成整理的習慣，像是分門別類擺好，或是善用各色標籤註明，千萬不要隨意收藏，不然根本無法提高工作效率，還要另外找時間歸納卷宗，最後甚至可能根本沒有心思整理。

辦公桌看起來整齊，讓人工作的心情變得更好。

MEMO

Chapter 3

如何贏得同事的尊敬

從自己做起

打點自己，不管是外在或內在，從儀表到衣著，從生活作息到網路空間，先將私人生活做好，自是贏得同事們尊敬的第一步。

先從外表談起吧，人的美醜是天生遺傳，除非你存夠了一大筆錢，改變自己原本平凡的外貌變成亮眼的明星。如果沒有，人縱使不美，可是還是可以把自己打扮得很美。怎麼說呢？

先換個角度想一想，如果是你，你會接近一個頭髮油膩、滿身臭味、衣服沾滿污漬，看起來像幾天沒洗的人嗎？當然不會，你只會嗚著鼻子躲得遠遠地，連帶想這人是怎麼了，不會把自己整理乾淨嗎？

以現代人的標準來看，長得漂亮或是帥的人在面試工作時，贏得職位的比例比普通長相的來的高許多。但，換個角度講好了，如果一位帥的像明星般，卻衣著邋遢、蓬頭垢面，無論在任何場合，絕對不會受歡迎的。

所以，如果你是位男士，除非你是應徵藝術類或是創意類的工作，不然請將頭髮整理乾淨，將五官露出來，一般公司行號還是無法忍受奇裝異服的，女性妝髮得宜，而且切記最好將好身材隱藏起來，暴露過多只會為自己招來麻煩。

再來就是平常上班的衣著，如果公司文化是需要穿制服，不管是男士或是女士，切記，現在網路許多分享都在教如何洗乾淨這些難洗的部位，白色襯衫尤其是領口跟袖口，如果泛黃就讓人觀感不好。回到家先別的想要休息，花點時間浸泡一下衣物，隔天才能乾乾淨淨的出現在公司同事面前。

如果公司是企業集團式，襯衫跟西裝褲或是套裝，絕對是較安全的穿法。如果公司是以便服為主，就別袒胸露背了，畢竟台灣還是跟外國不一樣，能接受性感的衣物之老闆並不多，對自己身材沒自信，就別冒險這麼穿了。

再來是鞋子等配件，切記，炫富是一件很要不得的事情，如果工作了一陣子，犒賞自己買了個名牌包、名牌鞋或名牌錶，也別在同事面前大辣辣的秀出來，畢竟亞洲人的習慣還是低調點好，太高調只會引人注目，尤其又有比老闆或上司更高級的物品，將會招人妒忌，變成別人眼中釘的。

除此之外，進入二十一世紀以後，網路已經成為現代人不可或缺的必需品，尤其進入手機智慧型的戰國時代，人手一機就是人手一世界，應運而生的社群網站、論壇隨時都能分享自己的生活，同樣的也將自己赤裸裸的暴露在社會大眾之前。尤其智慧型手機、行車紀錄器等等錄影功能愈發進步，讓人人都能變成八卦記者。

不管你是不是網路重度使用者，你身邊絕對存在著喜歡使用社群網站的人，人肉搜索變成網友將人定罪的私工具。所以，如果你是重度使用網路分享的人，一定要記住，千萬別將個人的情緒發佈在任何網路動態上。

工作上難免會遇到不如意的事情，不抱怨發洩一下也太對不起自己，但請記得只跟不相干的朋友、家人說，他們會理性幫你分析，順便同仇敵愾的跟著你一起咒罵一番，別把喜怒哀樂都放在社群網站上。

記得，吃喝玩樂在人際交友上，一定是安全的話題，尤其常貼上這類的動態，會讓人感覺你很懂得享受生活，知道哪裡好玩、哪裡好吃，爾偶可以分享自己最近念的書，做個簡短的講評，可讓人覺得你很有書卷氣，或是最近上映的電影，與最近只要一開放就報名額滿的慢跑運動等等，但僅際一點，如果你尚未是公司高級主管，就別貼些高單價的吃喝玩樂行程，尤其你的社群網站上好友名單中有同事或是上司等，低調一點總是對自己有好處。儘量貼些快樂的文章，讓人感受到你正面的力量。

再來是，別吝嗇使用「讚」的工具，版主發表文章，都是希望將自己的喜怒哀樂分享出去，所以，點個讚鼓勵一下同事，或許不表示你認同，但卻也表示你看過了，儘量不要太常發表文章，成為重度社群網站使用者，會讓人誤認為你沉溺於網路世界，與現實社會脫節。

國外某位總理可以在任內辦離婚更甚至娶了小自己多歲的女子，而法國人就只重視他總理的能力，但這僅只於在國外，在台灣，千萬別將你的私人生活帶進工作之中。台灣受儒家思想多年，應該說，亞洲人基本上都是這樣的思維，當你私生活出現問題時，連帶影響到你的工作能力。

舉例來說好了，一位老師因為家庭不睦，所以他出現了許多私生活脫序的行為，例如大量購物直至無力償還而開始向同事借錢，想當然爾，同事被後議論紛紛。可是這位老師的教學品質並沒有改變，工作上一樣認真，但內部同事卻直接判定老師的教學能力出現問題。

事實上並沒有喔，一但將私人問題赤裸裸的暴露在同事之間，縱使很清楚知道自己並沒有影響工作，但同事卻將你的私生活跟工作混為一談。

我們都不是神，不可能沒有情緒，也不可能永遠都有辦法把笑容掛在臉上，家庭生活不順利，昨天跟男／女朋友吵架，臉色跟浮腫的眼神隔天都藏不住，一定也會被同事詢問。如果淡定的說「沒事」，也太令人難以信服了，而且也讓同事認為你這個人不好親近。

其實不需透露太多，只說「昨天跟男／女朋友吵架」，或是「家裡有些事」，記得別透露太多負面的情緒，工作時也儘量跟上頻平常的腳步，自然不會讓人把你跟私生活的不如意聯想再一起。

總而言之，先把自己打理好，不管從外在的穿著打扮，讓人看起來舒適，易於親近。別將私人情緒在工作時透露太多，讓人看起來像個躁鬱症的同事，辦公事的不定時炸彈一般，就是做好贏得同事尊敬的第一步。

小動作，大學問

要開口之前，先觀察周遭狀況，在適當的場合，說該說的話，並且能主動的關心同事，謹言慎行，小小的動作，絕對影響你的人際關係。

每間公司文化不同，當進入一間新公司時，如果你還是新人，在不是你的主責範圍之內，就先別管那麼多，先把耳朵豎起來，嘴巴閉上，觀察周遭的同事跟上司的互動，才是萬全之策。

舉例來說，一間公司需要跟當地人配合，所以想當然爾，當地人有些看起較不起眼卻是影響事情發展的人，但是一位初來乍到的同事，在尚未搞清楚狀況的情況下，居然對著當地人說了一些不恰當的言語，導致後來一連串與當地人合作所衍伸的問題。所以，觀察周遭的工作人、事、物是非常重要的事情，別讓自己還沒獲得認同之前，就在公司內部被貼上黑名單。

所以，懂得觀察氛圍是很重要的一件事，尤其在同事感到沮喪時，食物是很撫慰人心的東西，不管發生甚麼挫折，或是遭遇甚麼樣的困難，吃的食物永遠會讓心暖起來。所以如果你能在辦公室的抽屜裡，放些小點心、餅乾、巧克力等，就能發揮適時的效用。

這跟贏得尊敬有甚麼關係。舉例來說，一位女同事只是自己愛吃，所以放了許多點心、糖果在抽屜裡。某天坐隔壁的同事，被主管狠狠的罵了一頓，當然，非當事人，業務又沒有交集，多說一句只會讓事情更糟，與其這樣，倒不如將抽屜的巧克力拿出來，放在他桌上，讓情緒沮喪的同事破啼為笑，小關心大學問。

但請謹記，這樣的動作很容易造成別人的誤會，怎麼樣才不會讓人產生誤會，又能達到效果。如果你有出差，或是假日出去玩，記得帶個當地特產，也不需要多，一盒內有許多小包裝，讓辦公室同事都能享受到。

一個月帶個一、兩次，過多就讓人覺得矯情，有刻意巴結的感覺。當同事都習慣你會帶食物分享給大家時，自然從你抽屜拿出的點心，就不會太讓人感到意外。如果是為了鼓勵異性同事，就謹記，自然的拿出點心給沮喪的同事後，在大方的拿給其他周遭的同事，便也不會讓人產生太大的誤會。分享，是個很重要的小事情，但卻容易得到同事的認同，而且也可以藉此話題，打破彼此的僵局。

另外，現在智慧型手機，APP功能相當方便，罐頭訊息常常到處流傳，尤其是「已讀」這兩個字常常令人抓狂，看到對方已讀，卻沒有回應，更令人焦慮。所以，在收到訊息後，丟個表情符號做結尾，也是種簡單的回應。

「稱讚」一詞，說來簡單，做起來卻很難，過度的稱讚很容易讓人聯想到拍馬屁，但一副自命清高的模樣，卻也著實令人討厭。所以，要達到令人高興的稱讚，又無須讓人覺得過度虛偽，就非花點巧思不可。

記得從同事周遭的小事物稱讚起。如果有同事帶了點心或者是出差時所買的禮物，縱使你吃了不喜歡，也別講出口，只需說「不錯耶！」然後看起來興致勃勃的打算研究這份食物。

或者有個更有技巧的是，當別人拿給你食物，其實不是你愛吃的，你也可以小心收藏起來，等到離開辦公室以後，看見你家樓下警衛，拿給他吃也可以，做個人際關係也不錯。切記勿將同事帶來的禮物時，別當面給人難堪。在討厭的人，在他的家人、朋友的眼裡，他依然是一個很優秀的人，所以換個角度去看在職場上你討厭的人，去發掘他的優點，你自然能擺脫人緣差的窘境，而由衷的發自內心去稱讚他人。

再來就是，工作時，難免遇到電腦狀況，尤其文書處理軟體，出現了小狀況，此時請同事協助一下，除了說聲「謝謝」應有禮貌外，記得加上一句「哇！你好厲害喔！」誰都喜歡好聽話，簡單一句，不會讓你少一塊肉。

相反的，下次再遇到狀況時，同事一定很樂於協助你。除了工作上，稱讚女同事其實很簡單，雖說審美觀念應人而異，但稱讚「變瘦、變美、看起來年輕」絕對是讓女性同事心花朵朵開。而對男同事，加上「帥哥」這兩個字絕對讓辦公室所有的男同事都回頭的。

不然你家樓下那個大排長龍炸雞排老闆娘不會對每個客人都喊「帥哥、美女」。別太害羞你的讚美，今天如果Tom在工作表現上受到老闆的讚賞，你也記得私底下在跟他說一聲，「哇！很厲害耶！」肯定會讓同事更加高興。

在講個例子好了，某位同事因為年資較久，所以被公司選訓練新進人員的負責人，當然在薪水沒有調漲的情況，工作量卻增加，那位同事忿忿不平的認為增加了開會的時間。是你，你會怎麼跟他說呢？

其實很簡單，公司是信任他的工作能力，加上年資較長，熟悉公司內部運作，被選為訓練新進員工的不二人選，他獲得的是老闆跟上司的信任，表示能力很好，才能被選上的。反向思考去看公司的立場，自然能替你跟同事之間，減少許多磨擦。

人有七情六慾，工作上一定會有不如意的事情，縱使這份工作是因為興趣而找的，但未必所有的工作內容都是你喜歡的。尤其隔壁的凱莉每天玩社群網站，後面的小張天天跟女友情話綿綿，就你任勞任怨的被丟了各式各樣的工作，能不生氣嗎？

還是謹記上面所提的一點，千萬別跟同事與上司掏心掏肺的講任何有關工作的抱怨。唯一能抱怨工作上的事情的人，就是與這份工作不相干的，像是你的家人、情人或朋友，這是最安全也最能發洩情緒的了。

但是甚麼都不跟同事聊八卦，也太不能融入團體之中了吧，會讓同事覺得你可能是上司派來監視的人。當然，偶爾同仇敵愾一下，無損於在公司的形象，記得要對事情，千萬不要對人。

舉例來說，上司派你跟同事出差，但卻未考量到距離的安全性，與遠近問題，此時，要罵上司嗎？當然罵，就說「颱風天出差難道不危險嗎？」點到即可，請謹記，就只針對這件事情做評論，其他的就千萬一概不要談論，免得落人口實。

謹言慎行，一個常把自己的情緒暴露在外面，對工作抱怨再三，縱使你的工作能力再好，講錯一句話，就是得罪人，就是不會有人讚賞。會做事，也要會做人，才能贏得同事的尊敬。

初來乍到，難免會有老鳥帶著你做事，還是謹記，讓自己進入狀況，快速的掌握工作內容以後，再慢慢觀察公司文化，千萬別貿然就提出自己的建議。當然，在一間公司久了，自然會有磁場合的同事，所以，別把太多自己的想法放在與上司的聊天裡，偶然的聊天話題可能會影響你未來在公司升遷。

例如，在你不小心透漏了對目前執行的業務產生挫折，覺得無法完成。拜託，上司就是相信你，才會把這項業務給你，所以做的再痛苦，挫折感在大，也別不斷地哀聲嘆氣，讓人開始質疑你的工作能力。上司不是拿來讓你掏心掏肺聊天的對象，而是讓你遇到事情無法下決策時，請教詢問用的。

這些小事情看起來沒什麼，但卻會可讓同事感受到你的細心跟關心，自然人與人中間的那道牆可以降低一點，要被說拍馬屁，每位同事都拿到甜頭，誰敢這樣說，而且會讓人很放心有你這一位同事。

同時也讓人感受到你是一位處處替人找想的人，但千萬謹記清楚自己的能力在哪裡，別貿然做出些違背你自己能力的事情，贏得人的信任感後，就是贏得同事尊敬的一大步。

謹言慎行，一個常把自己的情緒暴露在外面，對工作抱怨再三，縱使你的工作能力再好，講錯一句話，就是得罪人。

謙虛是致勝關鍵

不管東、西方都喜歡謙虛的人了。當適時展現能力以後，又能謙虛的待人，絕對是贏得同事尊敬的致勝關鍵。

初出社會時，在經驗跟專業都還尚在累積的情況下，有時候做人尚不圓滑，得罪人也不知道，但當菜鳥時，看著主管會有種令人信服能力，有時他的專業真的贏你嗎？

其實未必，是因為他懂得做人，記得，公司請你是因為從你身上看到可替公司帶來盈餘的能力，所以被交代的事情，就要有能力完成，能力被肯定以後，謙虛就絕對是非常關鍵的事情。

新進一家公司，面試你的人一定從你身上發現某些公司所需要的特質，所以，你或許擁有了其他同事沒有的專業，但相對的，你一定也沒有其他同事的專業，相同領域不代表有相同的專業素養，怎麼說呢？

舉例來說好了，一般人所熟知的中文系，籠統且被認知為是國文老師等，但殊不知中文研究領域又區分為傳統文學、現代文學、古文字研究等等。所以，中文系學生也很清楚不會白目的拿著古文字等歷史跑去問研究現代文學的老師，想要活著畢業就不會這麼做。所以，連大學教授都會有不熟的領域，更何況職場上各種行業，誰也不是萬能。

首先，先來說說怎麼謙虛吧！如果今天有位同事問了一個你業務上的問題，其實這個答案你已經瞭然於心，因為你執行過，但你是打算用很臭屁的方式回答呢？「喔！這個喔，簡單啦，我教你…」還是打算「嗯，我上一季剛好做過，可以提供你參考」。

兩種態度就讓人有不同的感受；所以，縱使你知道這個問題的答案，態度是很重要的，會讓人決定要不要繼續再請問你。

一但在公司裡少了朋友，孤立無援，上司自然會把這一切看在眼裡，裁員時，固然你能力再好，一定也會是走人的那一個。其次是，這個問題是超出你業務範圍的，如果你回答「這是企劃部的領域。」一句話打發人走嗎？

這樣回答也太白目了一點，所以，有技巧的是「嗯，這如果你用網路行銷可能會遇到……，但我想這是企劃部的專業，可能詢問他們或許會好一點。」這樣是不是就圓融了許多，同事自然也會覺得你說話很得體，不會傷害到人。

再來，說的就是如果這個問題是你不知道的，難道你就打算裝會嗎？拜託，你是打算騙幼稚園的小孩嗎？當你文不對題時，就已經穿幫了，既然人家會問你，就表示你應該知道，但難道你就應該要知道嗎？

尤其你又是公司老鳥時，用個「我不會」的態度也太令人討厭了吧！所以，如果真的遇到你不懂的問題，回答就是個藝術。你可以說「這東西可能不是我的領域，但我想如果你可以請問JOHN，或許可以得到較好的答案。」

切記，如果你的回答裡面請他去問某個人，就一定要記得跟著他一起去問，如果連那個人也不知道，在時間與能力範圍內，就跟他一起研究。

或是更有技巧的，回家做功課，隔天回到公司幫他解答，那人一定會覺得你超貼心，自己也可以長知識，何樂而不為。但切記，還是先了解自己，是否會超出自己的能力範圍，一味的幫同事，自己的工作卻無法完成，本末倒置下很容易產生錯誤。

當你的專業在職場上受人尊敬，一個企畫交給你，是被信任絕對可以完成。被肯定的工作能力是一家公司雇用你的原因，同時也是你獲得工作的致勝條件。但切記，工作能力再好，不代表你可以目中無人，大聲斥喝上司或同事。今天你不是老闆，沒有人有必要看你的臉色做事。

舉個例子來說好了，一間出口貿易公司，原本業務量平平，內部工廠接到的訂單也不夠多，後來新進了一位業務人員，與外國客戶互動頻繁，工廠業績大增，在種種因素下，這位業務人員跟上司關係並不融洽，但當然因為他替公司帶來莫多的訂單，所以在一個願打一個願挨的狀況下，老闆只能忍受他的脾氣。

甚至到老闆的兒子開始進公司工作，這位業務人員還因為一些小事大吼了小老闆，老闆原本用意是希望兒子接業務，女兒做內勤，結果這名受聘的業務什麼都不教，老闆只好讓女兒去外面學習貿易的業務，以後能輔佐公司。

但，就站在公司立場來說，這樣的行徑下，總有一天會是很難看的收場，同時，業務界的名聲也不好。

請謹記，在工作上你不是獨一無二的，無人可取代，工作能力再好，總有一天同事跟上司會受不了你的爛脾氣，你不做，這份工作還有成千上萬的人搶著做。

所以，如何在工作上展現自己的工作能力，又能贏得同事的尊敬。謙虛絕對是最有用的方法。舉例來說，一個團隊裡，新進了一位新的同事，而身為資深的工作夥伴，領導團隊時，展現了自己的專業之外，又會適時的提點新進同事工作方向。

小組會議裡面，常用「Steve這次的報告做的很好喔！很用心的比對了各產品的缺失，如果能將行銷的缺失加入分析，一定會更好。」這樣聽起來是不是就舒服很多，而且人都喜歡被稱讚。

新人剛進公司一定對業務有一定程度上的不熟悉，所以犯錯是再正常不過的事，但先被突出的優點就會讓人更加努力，尤其又受到經驗老到的同事稱讚以後，會更加用心於工作上，一定會增加同事對你的尊敬。

同時，在每個月業務報告時，如果能稱讚了這位新進的工作表現，如「Steven這次的業務行銷上，很用心的分析了產品與銷售的優缺點，表現的很好。」讓人好感加分，自己雖是主責人員，將自己的光芒在會議中隱藏起來，但卻有讓人清楚的知道這個團隊執行業務時的專業，都須歸功於團隊的主責人員領導有方，創造了雙贏的局面，也讓跟你一起共事的人員更加敬佩，無形中贏得同事的尊敬。

一昧的幫同事，自己的工作卻無法完成，本末倒置下很容易產生錯誤。

信用與學習的重要性

職場上信用是很重要的一件事情，沒有信用，找不到客戶。

如果你是在國際公司工作，信用不僅僅只用在合作的客戶上，更是上司與同事之間最重要的事情。如果你是做企劃類或行銷類的，「small world, people talk」地球是圓的，不要以為在這間公司搞壞名聲，沒有信用，去到其他家公司就不會有人知道。所以，講信用是一件非常重要的事情。

國際貿易最講究的就是出貨的交期，尤其出貨方一但延宕貨物，影響的不僅只是買方而已，更重要的是當地貨物上架的時間，如果剛好是西方聖誕節或感恩節這種大節慶，絕對影響當地生意人賺錢，擋人財路的下場，可是很慘的。所以，在確認訂單時，買方一定會給個明確的交貨期，而此時需要的就是去跟工廠確定能交貨時間，加班都要趕出來。

如果是企劃案，你先試想，如果你晚交了這個企劃案或報告，相對的你的主管也勢必必須面對客人，或是他的上司，他也更難交代，由此推論，你一個人的延誤，不單只是你個人的工作受到影響，連帶與本案子有關的人，也會被你拖累。

所以，如是出口貿易，當工廠無法如期出貨，就一定跟客人有良好的溝通，解釋延誤原因，然後再次確認可出貨的日期，所以第二次所提的交期日，加班都要讓貨物準時出去。如果你是企劃案，或是公司內部報告呢？

在上司交付工作之時，一定會給你個繳交日期，在第一時間收到信件或通知時，先確定手中工作是否可讓你準時完成新被交付的案件，如果無法，記得跟同事或是上司溝通，此時間無法完成，是否可以晚一周或是更久。

當然，案件有輕重緩急，有些就是跟你講沒有轉圜的餘地，變成自己需要再次衡量哪個是最急件。但最重要的，就是如果今天你已經說星期五可交付案件，可以的話，請在當週的星期三就把案件或報告給上司或同事，這樣就能讓人信任的交付給你任何工作，如果能快、狠、準的做完，更是能贏得同事的尊敬。

除了這些以外，當然還有日常生活等，跟同事私下小聚，或是公司內最喜愛的團購，你剛好又是負責採買的人，就千萬要準時，或是安心的將大家團購的錢與物品，正確無誤的送到每個同事手上，套一句「信義房屋」經典的廣告台詞「信任帶來新幸福」，於公於私，只要交代的事情，能準時完成，讓人安心與放心的人，絕對能贏得同事的尊敬。

除了講信用之外，在前面就提過了，在不到你開口的時候，千萬別搞不清楚狀況貿然的說出自己的意見。但難道就真的從頭安靜到尾嗎？

其實並不然，在美國的公司文化裡，會希望員工能說出自己的看法，未必一定要同意上司或同事的意見，但這僅只於西方文化，在亞洲國家裡，跟上司的意見相左，很容易被認定是難搞的員工，尤其是在一個團隊裡面，更容易變成是專門找麻煩的同事。

舉例來說好了，藝術導覽這個行業，雖說有些是志工性質，所以有許多退休的人員來擔任，但是每次館方所展覽的作品卻根據季節的不同，或者是受邀的藝術家不同，而出現不同的作品，這時，導覽人員就勢必要充實更多新一季的展覽作品知識。

在當下某位導覽人員，剛好是對歷史相當有研究，也不吝嗇跟其他人員分享，但當一樣都是同一職位時，另一位同事卻未必領情，所以在這方面有頗豐富知識的人員，在知識分享的當下選擇安靜傾聽他人的說法，但卻在導覽時展現出雄厚的專業知識背景。所以，雖然說只是單相藝術品的導覽，但當少了傾聽的能力以後，自然會少掉他人與之分享的知識。

傾聽在職場上是非常重要的一環，每個人都是獨立的個體，來自的生活背景也有所不同，一個案件上，自然未必會有相同的意見，要如何讓同事跟上司同意你的意見，靠的就是說話的藝術。

在需要你開口的場合之中，先傾聽同事所表達的事情，最重要的是不要打斷任何人的話，尤其如果你跟他異見相左時，是非常需要他的同意才能執行工作的，所以，先聽完他所陳述的想法。

舉例來說好了，學校主任覺得學童在校柔道拿到該縣市比賽的優勝，應該請導師在班級上給學童一些獎勵，但該級任老師則認為這樣對其他沒有練柔道的學童不公平，此時，主任跟授課老師意見相左，要怎麼說服他呢？其實很簡單，如果是針對學童，自然先講出獎勵的理由，並非所有學生都能在學科上拿到好的成績，如果體育成績優秀，自然能獲得獎勵。

當然，後來任課老師也接受了這點。所以先傾聽他人意見以後，再從他的立場討論如何進行，這樣自然叫人信服，而逐步贏得同事的尊敬。

職場上，用心做事是非常重要的，信用和傾聽，讓自己創造職場上的價值。除了這以外，在職場上，永遠會遇到與你不同磁場、生長環境不同、受的教育也有所不同，自然在許多事情的看法上也有所不同的人。

所以，要如何能獲得同事的尊敬。就是讓自己有更高的角度去看每個提出不同意見的同事與上司。在事情尚未得到解決之時，千萬別對事情亂下定論，或對人亂下評語，一個人生來一定有他的優點，當你開始評論他的缺點時，自然他的優點也會被你的評論所掩蓋著，損失的絕對不會是他，而是你。

舉例來說，在一個距離市區需要兩個半小時以上的車程，居住環境相當危險的偏遠地區，一名社工在那裏工作了四年以上，雖然因為工作環境的關係，讓他變得封閉與自大，與新進工作人員相處，自以為自己是上司，到處指使同事工作，引發了許多不滿，但是如果你只是單從新進人員的角度去評論，自然看不到一個人能在偏鄉工作長達四年之久的用心。

再舉例來說，如一個機構裡面，上司是在決定與處理下屬出現狀況時做決策的。但當一間公司發展過快，而主管缺乏的情況下，隨意提拔一名能力不足主管，他著重在工作人員交出來的文件上面，雖然說在面對他的上司時，文書等行政工作處理的條理分明，但是在基層工作人員遇到例如像客戶抱怨或是其他需要他做決策時，卻無法提出解決方法。

此時如果你是基層工作人員，自然清楚知道此上司的能力限制在哪裡。那你要唱反調嗎？如果你想在這間公司學到東西，那就默默的將交代的事情完成，累積更多的實力，自然以後能有派得上用場的地方。

所以，在工作職場上因為有不同的人存在，才讓公司的創意源源不絕，當你身在一個工作場合裡面，勢必遇到與你異見相左的人，更甚至是不合的同事，他的一言一行都讓你看不順眼，但他在公司與職場上自然有他一定的地位。

此時你要繼續討厭他嗎？換個角度先從他擅長的事情著手，從稱讚做起。學會先看到人的優點，再討厭的人也會有令人欣賞的事情，同事自然不會覺得你讓人敵意很深，這就是做人的高度夠。

再來是培養自己有眼光，多去接觸新事物，或是旅遊讓自己視野更廣一點，人生沒有用不到的經歷，你曾經投資自己的東西，絕對不會浪費掉，不管是出國去玩，或是參與任何的活動，都會成為你在職場上的養分，所以當企劃案需要你的意見時，提出與他人更廣的視野，自然讓人覺得你的專業很深厚，而能贏得同事的尊敬。

我們常在職場上遇到各式各樣的人，與各式各樣事情，有時候超出工作範圍，有時候也會犯了不該犯的錯誤，但是，每一個錯誤都是讓我們再次學習與再次審視自己。

人生中沒有用不到的經歷，所以如果你是一個細心的人，仔細觀察周遭的氛圍，謀定而後動，別毛躁的將自己暴露在群眾之間，先聽聽看每個人所說的觀點，再確定公司真正需要的是什麼，強出頭只會讓自己更快在職場上陣亡。

同時也切記，善用小禮物去收買同事的心，你不會知道這個人以後會幫到你甚麼忙，朋友比敵人多總是好事。在職場上，謹言慎行，別隨便的評論別人，當遇到危急的情況時，能臨危不亂，幫同事解決事情，幫上司出點子，自然能贏得同事的尊敬。

Chapter 4

如何獲得主管的青睞

不只要說，還是去做

想要打破在職場上的現狀，光是知道『如何做』是不夠的，還要能夠付諸行動，才可以有所改變。

唯有在職場打滾過，才知道主管的賞識有多麼重要，無論想要工作順遂，還是想要前途飛黃騰達，都得看主管的臉色過活。雖然搏得主管青睞不是件簡單的事，但是『天下無難事，只怕有心人』，如果沒有付諸行動的決心，那麼這些方法終究只是理論，永遠沒有成真的一天。

坊間出過不少相關的職場書，想必職涯不順遂的讀者們多多少少也買過一、兩本，那麼在閱讀完以後，各位又是怎樣反應的呢？

除了認同書裡提及的論點外，是否曾嘗試做過改變？還是就直接把書放進書櫃裡，從此不見天日？

想必屬於後者的人應該不在少數，老實說我身邊的同事也是如此，車上、家裡到處可見滿堆的職場書，卻不見對方有過任何的行動，就只是一而再、再而三地購買書籍回來堆放，那麼即便家裡的書櫃堆著滿滿的書，又能帶來什麼樣的實際幫助呢？

各位既然想要翻閱這類的書籍，就是有改變現狀的念頭；既然拿起書去結帳，就是有了期許自己改變的決心，而如今就只差了最後一步，為何各位卻無法貫徹到底去實行呢？是沒有勇氣？害怕失敗？還是不願意向主管低聲下氣地奉承呢？

我也是作為人家的部下，很清楚各位對主管的成見。對部下而言，主管的存在本身就是一種無形壓力，常常壓得人喘不過氣，所有人恨不得離得遠遠的，又有誰願意親近。有，那就是受到主管賞識的大紅人。

大家看到的都是這些大紅人眼前的風光，但是在親近主管搏取好感，到獲得賞識和器重當中，他們所受的氣絕對不在各位之下。不過，這些大紅人不僅勇敢地跨出了第一步，還忍氣吞聲到了最後，就是因為他們知道要在職場上一路順遂，主管的青睞絕對是不能少的關鍵。職場是一條走到老的長路，在往後一、二十多年的職涯歲月裡，這樣不順遂的待遇還能忍耐多久？

我見過不少人用離職來逃避現狀，但是這樣治標不治本的方式不管換了什麼樣的工作環境，遇上什麼樣的主管類型，同樣的問題還是會再度重演，根本無法徹底地獲得解決。

能不能打破現狀，完全取決在自己願不願意給自己一個機會。

『天下無難事，只怕有心人』，如果沒有付諸行動的決心，夢想就永遠沒有成真的一天。

學習是為了走更長遠的路

無論是什麼樣的主管類型，絕對不會欣賞沒能力的部屬。

職場上，員工的工作態度大致上分為兩種。

一種對前途升遷抱持著很大的野心，肯於學習也勤於表現自己，這類型的人很容易受到主管的器重，畢竟主管們都期望自己的部屬能夠獨當一面，甚至可以有足夠的能力分攤繁重的工作量。

另一種是則是對職位高低不感興趣，更不願意承擔責任，只想做好份內的工作，以為自己別無所求，就可以不用去搏得主管賞識，也不願去上進學習，這樣的迷思簡直是——大、錯、特、錯！

在階級分工制度下，部屬若無法分攤主管的工作量，就等同於一個累贅，『可有可無』卻又占住一個位子，導致少了一個可用之才，對於工作多年卻只會皮毛，主管自然不會給這種沒有什麼工作貢獻的部屬好臉色看，最後的下場往往是成為主管的出氣筒來發洩情緒。

職場上是很現實的，想要工作順遂，就必須有上進的心，多多學習有關工作上的各種技能，要有付出才『可能』有所收穫。

看到這裡，想必屬於後者類型的讀者們絕對是開始意興闌珊，其實作者我也是屬於同一類型，所以知道各位的想法。沒錯，即使沒有升遷的野心，可是若不想成為主管的眼中釘，就必須充實自己的能力，不過得到了主管的賞識以後，就會接下更多上頭指派的工作與責任，這樣和自己理想中的職場遠景仍然不盡相同。

或許有人覺得這樣的想法太過天真，但是也並非不可能成真，就讓我舉個同事用過的例子，會比我用文字解說還來得更明白。同事H是公司內非常資深的員工，也是標準的後者類型，不太愛管事，更不愛學習工作技能，所以平時只負責自己分內的工作。雖然H不愛學習，但是對於工作份內常遇或不常遇的基本狀況處理卻非常好學，而會這些處理技巧的除了H和另一名資深同事外，整間分部沒有其他人知曉。

某次，當主管提出要求，希望H能試著學習非常高難度的機器維修工作時，H以退為進，表明自己非常不擅長機器方面的工作，並且萌生辭意。這對主管來說可是件頭痛的事，由於服務業的員工流動率大，因此擁有全部基本處理能力的人並不多，要培養能頂替的人也不是簡單的事，最後為了挽留住H，主管也不得已地打消了念頭。

因應兩種類型在目的上的不同，針對的學習方向也會跟著不同。前者類型的目的在於升遷，所以適合多方面的工作技能；後者類型的目的則在於工作順遂，所以就得『求精』學習難以被取代的工作技能，才能夠不被職場淘汰。

說到學習的第一步，就是主動開口求教。

不知道各位讀者有沒有類似的經驗，就是主管或前輩教過一次的工作，下次再求教一次的時候，往往會換來不耐煩的回答。

才教過一次的工作，往往需要多次的實際操作後才能記起來，可是職場跟學校不同，這裡是個非常講求效率的環境，雖然不要求第一次操作就得完全學會，但是在教過的內容問到第二遍、第三遍，就會讓人覺得你根本沒有注意聽，才需要再重問一遍，聽起來可能會覺得有些無理，但是這就是職場上常見的教導態度。

職場裡像這樣聽過一次就懂的聰穎之人其實並不多，但是並非每個人都得受這樣的氣，那是因為他們懂得如何避免，而方法就是將主管教導的內容做成筆記。

各位千萬別小看做筆記這個動作，在背後可是具備相當大的意義，它不只是能夠複習工作上的處理步驟，讓自己能夠快速上手，還能夠讓教導的主管感覺受到重視，並且賞識其學習意願，進而對自己產生好感。

這樣的概念被主管提倡許久，因為他正是這招的愛用者，也的確因此在高層當中留下一個深刻的好印象，每次會議後要做書面記錄，高層第一個想到的就是這個會做筆記的認真部屬。

但是，讀者們不要認為只要做筆記，就能夠將工作一次學會，主管所教導的只是基本上的操作處理，然而實際運作時一定會遇到許多筆記上沒有的疑難雜症，仍然需要求教於主管。大家或許會覺得奇怪，既然不能避免再求教的狀況，那麼作者我為何會推薦做筆記這個方法呢？

那是因為各位都搞錯了主管不耐煩的方向，問題是出在於教過的內容再重問，而非要求教導過一次的工作就必須馬上學會。所以即使是同樣一個狀況，讀者若是提問主管不曾教過的部份就沒有問題，反之，就會招來不耐煩的態度。

而將說過一次或遇過一次的工作狀況做了筆記，就可以避免重複問過同樣問題，自然也就不會引起主管的反感。

簡單舉個例來說：主管教導過A機器的操作步驟，輪到實際操作時卻遇上問題求教主管。

若A問：「這個機器接下來要如何操作？」那麼極有可能會引來主管不耐煩的回答：「這個工作我不是上次就教過你了，你怎麼到現在還不會啊？」

若A問：「主管，你上次說開啟這個按鈕以後，接下來是哪個按鍵呢？」雖然同樣是忘記操作步驟，但是這樣的問法表示你有把話聽進去，只是記不住那麼多的流程，除非你在同一步驟上問過多次，否則是不會招來主管的不耐煩。

若A問：「主管，我按照你說的開啟了開關，機器還是沒有運轉，是不是漏掉哪裡出了問題？」這個是在主管不曾教導過的突發狀況，自然更不可能引起對方的不耐煩，除非當天主管的心情相當差。

雖然主管教導過的問題再求教一遍，只會引發短時間的不耐，並不會因此惹主管厭惡，但是如果能在小細節上多用心，即使是做筆記這樣的小動作，同樣也能夠獲得主管的好感。

工作是需要不斷學習的，無論是為了充實自己，亦或是搏得主管的賞識。

做筆記這個動作，它不只是能夠複習工作上的處理步驟，讓自己能夠快速上手，還能夠讓教導的主管感覺受到重視。

提升主管好印象的幾個小動作

想要獲得主管的青睞，過程必須按部就班，太過突然的表現反而欲速則不達。

要搏得主管的賞識，能力和表現固然很重要，但是若得不到主管的緣，就算再怎麼努力也是徒勞無功，所以在充實自己之餘，還要想辦法去爭取到對方的好感才是實際。

要爭取主管好感的方式很多，但是若先前完全沒有互動的讀者，突然和主管熱絡起來，這樣突然的極端表現非但無法激起對方好感，反倒會引起主管戒心，相信就連讀者本身也會非常反感，得不到預料當中的效果。

凡事都需要循序漸進，不能操之過急。

第一步，各位可以嘗試在日常招呼中先讓對方習慣自己的改變。

舉例來說：「主管早安。」或是「主管，先下班了，明天見。」別小看這樣的一個互動，其實職場上，有許多部屬都不習慣主動跟主管打招呼，所以這樣一個小小的改變不僅能讓主管很快發覺到，也能夠提升主管的好印象。

第二步，各位開始學著適時地稱讚主管，熱絡之間的感情。

舉例來說：「主管，你今天穿的衣服很好看，哪裡買的？」像這樣在平日對話中讚美對方，既不刻意又能增加主管的好感，也不至於為難自己到難以開口的地步，是非常實用的入門招數。

第三步，各位要有所突破，得適度地表現自己，或者間接稱讚主管的工作能力，讓主管對自己不僅僅只是有好感，而是產生賞識的器重感。

舉例來說：「主管，這是你要的資料，我剛剛還花了點時間整理比較好過目。」或是「主管，你教我的這個工作好複雜喔，平常看你弄起來好像很簡單，真沒想到原來這麼難。」

這樣把話藏在有意無意之間，又不至於讓主管難以察覺，是非常自然的方法。不過，若是能因此帶出話題，讓主管對自身的工作理念侃侃而談，那便是大大地成功，主管在自豪和讚賞之餘，對各位的好感絕對是有增無減。

如何在工作上展現自己的工作能力，謙虛絕對是最有用的方法。

簡單地拉近與主管的距離

要拉近和主管之間的距離，只要把握住幾個關鍵時機，便可輕而易舉地得手。

你有沒有遇到這樣的情形，當幾個同事聚在一起聊得正興高采烈時，只要主管一出現，即便是完全無關緊要的話題，談話仍然會莫名中斷，突然沉默的氣氛讓四周都覺得尷尬萬分，這就是各位對主管不歡迎的直接表現。

雖然在部屬眼中，主管總是高高在上的，但是，那不過是威嚴上的偽裝，只要沒有難馴的部下需要壓制，又有誰會願意時時擺張面孔惹人厭惡，主管自然也想跟部屬們打成一片，拉近彼此之間的關係。

聊天，就是最容易的方法。

儘管我們主管試著以聊天的方式與部屬親近，但是願意和主管聊天的人卻不多，有的是害怕被同事們劃分為跟主管一黨，有的是因為不喜愛主管，更多的是因為和主管的代溝太大，話題常常不歡而散，所以不太想跟對方多聊。

雖然大家都不會把情緒表現在臉上，但是表面上就算再怎麼相談甚歡，也會想盡辦法打住話題，誰都不願意自找麻煩，只有聰明人，才會把握住這個難得的好時機。

和主管聊天的好處很多，一方面可以趁這個機會去親近對方，就算是常常聊到不歡而散，那也是因為彼此代溝太大導致的結果，各位可以透過每次的談話中去更了解主管，知道對方的想法，這樣不僅可以減少失言的機率，表現出主管賞識的一面來，又能增進和主管之間的感情，也不失為是投其所好的另一種表達方式。

另一方面，在和主管聊天的話題中，多多少少也可以吸取對方在職場上的經歷和見廣，無論在做人處事、工作表現或是對哪個上司部下的怨言中，都可以獲得很大的收穫和成長。本書裡提及到的職場例子，其實有很多是從主管口中套出來的消息，無論是失敗或是成功的真實案例，都能帶來非常很大的省思，也算是另類的經驗累積。

主管在社會上的歷練比任何人還要久，自然看的出來哪些人是應付，哪些人是願意陪他聊天訴苦，雖然一開始聊天的用意是為了拉近與部屬之間的距離，但是主管也不是厚臉皮，『熱臉貼冷屁股』久了也會乏倦，逐漸地聊天的對象就會從任何一個員工，縮小範圍到願意傾聽的那群少數人。

無論這些人當中是別有心機，還是單純地想和主管聊天，他們的行為都贏得了主管的好感，隨著和主管走得愈近，就更得主管的賞識，工作方面就更加地順遂了。

另外，還有一個能拉近主管距離的辦法，那就是『請客文化』。無論是主管或是部屬，都會想到用請客的方式來拉近彼此的距離。

雖然在前面同事Y的例子當中，證實了光是靠送禮請客巴結，並不能產生保證就能搏取主管的青睞，畢竟對個人的好感著重於感覺，青睞則著重於實際上能帶來的幫助，所以請客這一個招數，僅僅只能增進好感，並不如大家想像中得如此高明。

但不能否認的是，請客的確是拉攏人心最有效的辦法。作者在此提倡的請客，並不需要太過昂貴的東西，只要偶爾請杯飲料或吃個餅乾糖果，不需要花費很多金錢，同樣也可以發揮親近的效果。

請客沒有太大的秘訣，不過仍然得掌握一個要點——請客之前得先想個名義。大家在請客之前一定多少會稍作思考，但是大家思考的方向究竟是這樣東西能否符合對方心意，還是要以什麼樣的名義請客呢？

請客其實重在心意，就算請的東西是主管最討厭的，只要不是明知道還故意請這樣東西，都不至於招來反感。不過雖說是請客，但是若毫無任何名義，很突然地就拿東西請主管，那麼主管的直覺反應便會認為別有用心，而對這樣的部屬多加防備，反倒賠了夫人又折兵。

利用大請客的名義，不只可以做個順水人情，主管和同事之間都兼顧，也可以很自然地在對方心裡留下好印象。但是有一點請注意，就是請客別請得太頻繁，作者就曾遇到有同事太過積極地爭取主管好感，不僅荷包大失血，還被公司上下當作凱子，動不動就被大家鼓舞著要請客。

若不想荷包大失血，要針對主管一個人請客也不是不行，但是同樣不能夠太頻繁，雖然主管是不會厚臉皮常叫你請客，但是一看就知道是巴結的行為，照樣不會引起對方的好感。

各位也別把『名義』這個詞想得太複雜，即使是順便，同樣可以引起效果，舉個例來說：飲料店有新開幕活動，特定飲料買一送一，但是自己一個人沒辦法一次喝兩杯，又不想放著，剛好遇到主管，作個順水人情請對方喝。類似這樣的理由就可以請得言正名順又不刻意。

同事M用的名義更是高招，對方抓住公司裡的同仁對主管提拔升遷，都一副是時間一到必然的結果，或是認為自己遭受主管長期壓榨後的補償，連半點謝意都沒有的現象，在獲得升遷考試機會之後，M買了一杯飲料作為謝意，雖然飲料的價值沒有多少，但是卻讓主管感到深深地安慰，並且加深了對M的好感。

雖然推薦這個方法好像很現實，但是在搏取主管好感的階段，卻又是最快最有效的辦法，在職場上也被人廣泛的使用，即使成功率非常高，但是各位也請一定要謹記剛才所提到的要點，才能夠避免失敗的命運。

大家有沒有發現這兩個辦法雖然是極其普通的招數，不需要耗費多大的心機布局，但是對於被部下疏遠的主管來說，卻如同是是雪中送炭的溫暖，尤其是兩種辦法的舉例更是將這點運用到極限。

不過想做到這兩招，也不是每個人都做得到，我指的不是能耐方面，而是各位能否克服排斥主管的心理障礙。

獲得主管青睞的關鍵

什麼樣的條件才能獲得主管賞識，大家心裡面都有差不多的答案，但這些答案當中存在太多迷思，沒有一一去避免，得到得就會是意料不到的反效果。

一般觀念認為聽話順從的員工，容易受到主管的賞識，正常的情況確是這樣沒錯，不過若是對主管百依百順的聽話，非但無法得到賞識，甚至容易被當作出氣筒對待。

相信這個論點絕對出乎大家意料之外，不過作者我也不是隨便說說，在公司就職六年多，我看過不少能力不差，且個性溫順隨和的同事們成天受到主管責罵刁難。但是相反的，那些個性較為強硬的同事，卻受到主管的禮待，犯了錯也只是稍稍說個幾句，沒有太多責怪。

管理基層工作的部屬其實壓力很大，和辦公室工作不同，流動率非常大又不容易徵到新人，所以管教上得特別容忍，尤其是對待脾氣率性的員工更得一忍再忍，就害怕對方一個不高興離職走人，會使原本拮据的人力更加雪上加霜，所以遇到刻苦耐勞，不需要容忍的員工類型，就像是找到個發洩的出氣筒，常常針對著他們發火。

同事U是個個性極為內向的女生，非常吃苦耐勞，其他同事指派的所有工作都沒有怨言，即使事先言明過做不完可以隔天再做，可U就是堅持全部做完後才下班，是個非常聽話的好脾性，然而這樣不反抗的性格自然就成為主管最佳的出氣筒，其他人犯就沒關係的小事，換作U就好像成了十惡不赦的大錯，動不動就能夠聽到主管的破聲大罵。

像U這類的例子多不勝數，並非只是少數個案。

同事K也是不容易生氣的好好先生，雖然不像U完全沒有脾氣，但是得要忍無可忍的情況下才會爆發，即便如此，還是被當作主管刁難的對象，對於K的表現也總是東嫌西嫌的，就算曾經受不了而向主管攤牌，但是卻被更強勢的主管壓下去，最後不得已離職另謀他職。

我的意思並不表示說跟主管應對就是要強勢到底，這樣更容易成為主管的眼中釘，而是對於不合理之處，要懂得站出來據理力爭，又不能得理不饒人，還是要適時地給對方個台階下。

但是，我發現很多時候據理力爭，到最後往往會成為雙方爭執，到最後只會換來主管的壞印象，那是因為很多主管為了鞏固自己的威嚴，在部屬還未開口時，就會先武裝自己，常常話還沒說完，就會被主管厲聲打斷。

如果這時候像K一樣退縮就前功盡棄，會被主管認為是可以壓制住的類型，也就會被歸類為是出氣筒名單；若是控制不了脾氣而對嗆起來，則會因為不歡而散而成為主管的眼中釘。

所以，千萬記住，站出來表達自己聲音時，千萬得控制好自己的脾氣，從頭到尾要保持理性，千萬不要讓一時的衝動或退縮表現成為日後主管刁難的藉口。

我們主管身邊就有個大紅人L，做事能力好，禮貌和應對得宜，所以很得主管的緣。雖然如此，但是他只要一遇到什麼問題，態度便會轉為強硬，但並非是大小聲的爭執，而是說之於理，就連主管也說不過對方，儘管這樣，L還是主管眼中最賞識的人才。

某次，L在工作上犯了一個大錯，所有人都認為這下大禍臨頭了，誰知主管雖然很生氣，但是在知道是一向表現良好的L犯的錯後，只是稍微地說了他幾句，然後就不斷好言地安撫對方，待遇相差很大，這讓所有人都很傻眼，因為若同樣的情況換作整間公司其他部屬，絕對是大罵特罵，絕對不可能這麼容易就罷休。

在職場上要當個好好先生、好好小姐，沒有相當的份量絕對是擔不起，否則就只有受人使喚欺負的份，尤其是在主管的面前。所以在聽話順從之餘，也得適時地表達出自己的意見，才能夠在職場上安然度過。

除了『聽話順從』以外，『凡事以主管立場為優先考量』也是可以理解的獲得青睞的辦法之一，可是有沒有那個本事運用得當，也是各位要特別注意的一點。

我們公司制度其實在一開始並沒有非常完善，尤其在員工福利上面更是漏洞連連，又加上總部的上班和放假是採取固定制，完全沒有考量到基層員工因為休假方式不同，而備受勞基法所保護的權利。許多員工雖然都向高層提起過，但是卻始終毫無下文。

課長C知道後，雖然明白長官對成本控管的堅持，卻仍然查閱勞基法相關法規，向經理提出一連串的改革，這無非是增加一筆開銷非常大的成本，但是C提出了同樣的訴求，卻得到了經理的核准，這是為什麼呢？大家或許會認為，是因為課長C是主管眼前的大紅人，才能使經理說服。

我不能完全否決掉這層原因，或多或少是因為這樣才能讓經理將這份報告聽完，但是真正讓經理開始思考，並且點頭關鍵在於——這件事情對公司和自身所帶來的影響力。

雖然兩方向長官提起的是同樣一件事，但是員工們的出發點完全取決自己，說法恐怕完全著重爭取自己在法規上的權利，沒有進而為對方分析其利弊，針對要點去說服對方，自然不會達成共識。

很多事情只是換了說法，結局就會有所不同，課長C以主管立場為考量，並且針對公司利弊以及後續對主管可能帶來的影響去作分析，自然聽得經理是不得不低頭，同意了這項提議。

這樣事情就落幕了嗎？

不，若僅於此，那麼大紅人們也就不至於受到主管的青睞了，雖然這個改革的推行是必然，但是如何將負面因素降至最低，也就是將必須成本減少，同樣得納入考量當中，就是這樣完全以主管為優先考量的立場和降低風險的提議，不僅成功得到了經理的認可，更加深了對這個部下的賞識。

各位千萬別以為只要以主管的考量去提議，提案就一定被採納，要記住！『無關於自己，麻煩事絕對不去做』是公司高層常有的想法，要讓主管聽進自己的意見，就必須想辦法將事情和主管的利弊扯上關係。

比方說我們內部員工反映分配脫水機，以應付雨季和洗車生意過好時，擦車布來不及乾的不周服務，卻遲遲未見下文。同事R見狀，便以顧客的名義向公司客訴擦車品質很差，要求改善濕擦車布的缺失時，當下，公司立馬進行全面性的數量調查，以方便集體訂購事宜。

雖然員工的要求也是以公司立場為出發點，可是對公司帶來的衝擊並不大，又加上還要花上一筆費用，自然不被長官採用。但是顧客的要求就會直接關係到公司形象，然而公司立場的好壞會直接影響到自身的表現，對高層有利弊上的關係，反應自然有所不同。

大家聽起來或許覺得沒什麼困難，其實課長C的行為危險性相當高，若是無法確實把握主管的性情，恐怕不只提案沒過，這件事的陰影多多少少也會影響到主管些許的好感，所以到底自己有沒有足夠的本領，還是得先自己衡量。

投其所好
更能增進主管的好感

搏取主管好感的方法很多，但是同樣的方法為什麼有的人效果顯著，有的人卻是普普，關鍵取決在有無『投其所好』。

部屬和主管的心思不盡相同，所以我們認為可行的招數，看在主管眼裡或許沒用，也或許老套過時，所以我曾經問過主管這個問題：「您賞識哪個類型的員工呢？」

主管們大部分的回答都是要能力效率好，或者是聽話配合度高的人才，這樣的答案並不意外，可是經過我的實際觀察，這樣的條件卻不一定就能獲得主管賞識，還是有不少人具備這兩個條件，卻不得主管緣的例子，那麼究竟要如何表現，才能真正獲得主管的青睞呢？

要獲得主管好感的方法多不勝數，像是多說好話、多做事、不頂嘴、求表現、耍心機……呃，不管君子還是小人的方法，其實都能達到同樣的效果，但是我說過職場是要走到老的一條路，為了長遠打算，我並不建議讀者們使用不正當的手段搏得賞識。

但是如何從成千上萬個方法中挑選出適當的，那可是得下足工夫，觀察出主管的類型投其所好，才能獲得最大的效果。

這麼說好像很難懂，就讓我舉個例：主管若重視公司經營，那麼你提出的意見或行為都要表現為公司著想的工作態度；主管若個性認真，那麼平時表現就不能夠太過輕浮，得擺出穩重負責的工作態度……像這樣抓準主管的類型，表現出對方賞識的條件，勢必能讓主管對你留下深刻印象。

有點要特別注意，因為人的性情非常複雜，有的時候主管的性情可能並非如表面上的一樣，會做一點場面上的偽裝，或者是個人的底限，這些都是短時間內不容易觀察出來的陷阱，如果不是真正百分之百掌握住主管類型，最好就不要輕易出手。

有的讀者或許認為這個步驟沒什麼，但是我身邊卻出現過沒有投其所好，反倒引起主管厭惡的失敗例子。

同事Y剛從分店調職過來時，就很明白人情世故，總是圍著主管身邊繞，不是找各種問題指教，就是常常買點心飲料請客，表現的非常積極，主管對於Y的好感逐漸加深，常常逢人就誇讚對方是可用的人才。

但是Y其實只會在主管面前積極，私底下其實非常被動，不喜歡的工作總是推給其他前輩，雖然這些抱怨都有反應給主管知道，主管對這些怨言只是隨便安撫，還是不減Y給的好印象。

眼見自己獲得了主管的賞識，Y開始油條了起來，即使在主管面前也不隱藏自己原本消極的工作態度，這讓一向重表現的主管非常感冒，對Y的好感逐漸消退，當主管終於耐不住怒火大聲斥罵時，Y才發覺到情況不對，開始積極地工作，可是不出幾分鐘又故態重施，讓主管相當火大。

Y把主管的失常視為巴結不夠，於是又開始圍著主管繞，卻沒有去真正省思到底哪裡出了問題，對於主管的指正完全沒放在心上，一心只想著送禮巴結就可以輕鬆工作，所以後期幾乎每天工作在主管的責罵中，最後受不了離職走人。

巴結送禮雖然實際，卻不一定適用任何人、事、物，如同隨時保持微笑在任何地點都受用，但是卻不適合在喪禮中出現，由此可見投其所好是多麼重要，與其思考用什麼方法才能獲得主管的好感，還不如現在開始親近主管，觀察出主管的性格投其所好比較實際。

雖然說要如何掌握住主管真正的類型再出招，才能降低失敗的機率。但是到底要到什麼樣的地步，才能夠確定已經觀察好了呢？

這的確是個很重要的問題，因為這並不是光憑自己感覺就可以確定的，很多案例往往衝得太快，或者沒有把握而猶豫半天，到底有什麼方式可以測試是否時機成熟呢？

讀者們可以試著揣測主管的行為模式來測驗，自己是不是清楚主管的性情。比方說：在主管非常忙碌的時候，偏偏出了一點狀況要請他親自處理，若狀況不是出自故意，卻是主管級才能處理的，那麼自家主管的反應會是如何？

是機會教育如何避免、如何處理？還是一味地怪罪當事人？或是出自無可奈何，反而安慰各位不要放在心裡？

如果讀者們可以精準地猜出主管的反應，並且幾次下來都無差錯，幾乎就可以開始下一階段，開始針對主管的類型投其所。這個步驟或許並不簡單，但是卻不是不可能辦到的事，雖然失敗例子不少，但是成功的案例也不是沒有。

同事H可說是徹底了解主管的佼佼者，同樣一個問題要用什麼方法會得到什麼回答？H都摸索得清清楚楚，所以許多同仁要跟主管開口時，都會先跟H演練一番，避免失言受到責罵。

這可不是容易的工夫，主管的回答有的時候會因為不同人而有不同的反應，若不是跟主管相處久了是絕對難以揣測出來，H為了徹底清楚主管的類型，甚至模仿起主管的一言一行，透過這樣的方式才能夠對主管的習性如此地瞭解。

大家不用感到那麼大的壓力，並非所有人都能練就這等能耐，同仁當中也就只有H一人辦得到而已。

雖然不用像同事H精準到各方面無差錯，但是至少也要能揣測出主管的行為反應，在作者身邊受到主管賞識和器重的同事們，每個都擁有這項基本能力，能清楚摸索出主管的個性，才能夠避免表達不當，在主管面前留下壞印象。

當然，如果各位對主管的反應還無法掌握透徹，就表示功夫還不到家，這時千萬不要莽撞行事，耐心地繼續在主管身邊觀察，基礎打好後才能夠多一分獲得主管賞識的機率。

MEMO

Chapter 5

提高自己的工作成績

如何提高工作表現

能夠受到主管青睞的人，絕對是工作能力優良的人才，所以如何提高自己的工作表現，就是各位必修的課題。

動作慢的人常常會招人厭惡，這點是無庸置疑的，因為職場是講究速度效率的環境，有的較嚴苛的工作環境，甚至不會顧及新手的身分，要求得在幾天內就上手跟上其他資深員工的速度，我就曾經遇到這樣的對待。

在學生時期，從到一家竹筷的包裝工廠打工，才進去的第一天，不熟練的身手自然受到主管的刁難，當天就以速度不快的原因被辭退，創下我最短暫的工作紀錄。

或許大家會認為第一天本就不太熟練，要加快速度是件很為難人的事，但是職場上有時候很無情，雖然這樣的嚴苛標準是非常少數的案例，但是各位還是要記住，職場工作著重於速度和準確度，若是一開始就抱持著新手慢慢來的心態，那麼職涯的開始恐怕就挑戰重重。

在我們分部，尤其是隸屬於班長R的部屬們想必更能感同身受，因為R是標準的重效率，只要看部屬的動作太慢，不夠積極，就會換來R動不動的責罵或是凶狠的態度對待。

新人一進來，前三天看積極度，之後就是看速度，從R和部屬的說話語氣和態度，就知道哪些人是動作慢的菜鳥，前一刻跟人才們還有說有笑，下一刻在動作慢的部屬面前就成了凶神惡煞，這種類型的主管R並非是第一人，大多數的主管多多少少都有這樣的差別待遇。

要如何加快工作速度，就是這些人最想知道的答案。

想要工作速度變快，熟練度自然是關鍵，要加快熟練度這點並不困難，完全取決在自己有無這樣的決心和意志，只要增加工作次數，重複多次的練習後，動作上自然會有所進步。這是最基本的觀念。

另外，單一的工作進度，絕對比不上同步工作的速度快，要同時兼顧兩個工作，就必須完美運用時間差，在A工作進行空檔啟動B工作的進行，這樣會比做完A工作後再進行B工作要來的快速。

舉個例來說：加油員為A車加油後，趁其加油的等候時間去加B車，然後再繞回來服務A車，在服務完A車後差不多的時間B車也已經加好油，兩車的等候時間相重疊，自然可以加快顧客的流動。若是加完A車再加B車，原本可能五分鐘內就能完成的工作就會被拖長，效率就會跟降低。

無論是不是急性子的主管，對動作慢的效率都是無法忍受，因為職場上的工作都是相牽連的，一個步驟慢了就會導致所有動作都慢了下來，進而影響到整體進度，這是職場相當禁忌的。

不只是主管，就連同事之間也會引起怨言，這點帶來的影響力足以擴大到整個職場上下對自身的態度，就我的印象當中，還沒見過那個慢條斯理的員工能受到青睞，有的就是受到欺負刁難的份。

加快工作速度雖然可以提高效率，但是卻不一定能被主管看見，各位是否有類似的困惱，就是明明做牛做馬累得要死，就是不得主管的賞識？現在的企業，總是將員工一個當兩個用，繁瑣的工作量根本無法做到面面俱到，不只是你，其實所有人都一樣，可是有的人努力多年卻總是不被主管注意，而有的人卻能夠輕易受到主管的賞識。

有無抓到重點工作

主管管理的工作非常廣闊，不可能時時去檢視分工給每個部屬的職責，只有在發生了狀況或者因為特定的時限內而重視某方面的工作。

例如：發生了工安問題，進而檢視所有工安事項；到了年底，要做出漂亮的經營成績，所以特別控管各項支出成本之類的重點工作；在工作處理的優先順序中，就得先將主管重視的工作做好，才容易被主管給看見。

無論緊不緊急，各位都不能因此把這件事先放在一邊，應該要放在優先的順序中，盡快地將主管指派的工作做好。或許有人會覺得只要不拖出時限就行了，根本沒必要這麼趕著要完成工作，這麼說的確沒錯，但是在主管指派完後立刻完成，和正常時限內完成相比，各位覺得哪個情況會讓主管印象深刻？

無論這項工作重不重要，在主管重視或注意的當下立刻完成，對方必定會認為其工作效率很好，偶爾幾次或許還沒有那麼大的效果，就僅僅只是留個好印象而已，但是久了以後，主管自然會注意到這樣的工作表現，看到這裡，各位想必已經領悟到低頭苦幹和懂得表現之間的差別。

公司除了每個月固定的環境服務評核，還會針對重要推銷產品做銷售的獎懲辦法，雖說是獎懲，但是獎勵方面其實並不優渥，以我們分部的實力通常都能達到標準，和懲罰名單向來都沾不上邊，照理說是可以不用抽出空去理會這樣利弊不大的活動，但是主管卻每次都全力以赴，態度相當地謹慎認真。

在主管的鞭策下，所有人也不敢不當一回事，幾乎每每都能獲得前幾名的優良成績，一開始我們還覺得是主管小題大作，可是隨著屢屢出現在各大獎勵名單中的高知名度，讓我們分部備受總部青睞，主管當然也跟著受到賞識，每個高層聽到這個名字的反應都是讚賞不已。

在職場上，認真地完成自己分內工作的部屬不少，可是卻不是人人都能受到賞識，因為主管只有一人，而管理的部下卻是數人、數十人甚至數百人，一雙眼睛如何看盡所有人的工作表現，所以在表現之餘，如何在眾人之中脫穎而出，就是贏得青睞的關鍵點。

拋開錯誤的工作態度

錯誤的工作態度，會常常讓你惹火了主管卻還不自覺，就算離開這個職場換到下一個，同樣的遭遇還是會跟著各位到處流浪，在工作上難有成就。

我看過不少剛應徵進來的新人，總是擺脫不掉上一份工作的職權，或是看主管的年紀比自己小，所以說起話來頤指氣使的，完全忘記對方階級上的身分，這可是非常危險的工作態度。

在來到全新的工作環境前，各位就必須先將前份工作的態度全部拋開，完全以新手的身分重新開始，無論你之前的職位有多高？手上握有多少人的生殺大權？

現在，眼前的新主管才是真正握有大權的人，就算對方的資歷沒你高、年紀沒你大，但是主管的階級比你高，這才是最應該去比較的重點。

職場上向來只論階級，不論其他。

就算表現再好，沒有獲得主管的賞識就一切免談，更何況是完全不切實際的年紀輩分，在職場上完全不具影響力，若是光憑年資年紀就擁有職權的話，那麼市面上也就不需要什麼教導在職場生存的書籍了。

現在的年輕主管比比皆是，我們公司派遣過多個直屬課長，可是個個年紀上都比主管還要大，這已經是企業的常態，雖然課長們多少有因為年紀的關係有些尊重，但是這並不代表主管就能因為年紀關係而失了分寸，不管是稱呼還是態度上對方都是自己的『上』司。

當然，以自己的年紀資歷就逾越本分的新手，通常不到幾天便工作不下去，這也是必然的結果。

無法調整自己的工作態度，覺得自己無法屈就在現今的年輕主管或低職位的想法，常常會影響到工作意願；亦或者是不尊敬的態度惹火主管，受盡刁難而導致無法繼續在這個職場上生存下去。

可是請各位捫心自問，如果委屈的是工作職位，那是打從一開始就知道的事，為何明知道卻還願意屈就，不就是因為找不到合適的，才勉為其難地接受嗎？

如果委屈的是聽命於年紀資歷淺的主管，那想法就更是膚淺了，就算現在的主管年紀資歷都比自己高，難道就能保證不會有人事變動，出現個年輕主管來管理嗎？難道每調來一個年輕主管就得再換一個新工作嗎？

在職場上工作，除了努力表現搏得主管賞識外，自己的錯誤思想也得跟著改過來，否則不僅強勢的工作態度無法受到青睞，又不時因為其他因素而頻換工作，這樣想要工作順遂實在是個奢侈的念頭。

上述提到，是特殊且少有的工作態度，或許不是每個人都遇得到情況，但是接下來就是職場上常見的錯誤態度。

工作上難免會發生錯誤，但是面對錯誤的態度，就足以影響到是否該對這個部下賞識的考量。

有一年，原本是旺季的冬天卻連日陰雨綿綿，導致洗車業績慘不忍睹，負責這個業務的高層在主管會議的時候看到報告相當生氣，要在場的主管提出原因，大家第一反應當然都把原因歸咎在天氣上頭，結果全部都換來高層的責罵。

這時，我們的主管站出來，提出跟大家截然不同的答案來：「我認為天氣雖然佔了一部分的原因，但是員工流動率高，洗車品質大不如前，導致客源流失也是很大的因素之一。」

這樣的回答受到高層大大的讚賞，各位明白其中的道理嗎？在工作上犯了錯，或是表現上不盡人意，主管第一個反應就是質問原因，這個時候大家的回答方式，絕大多數都是將責任撇得一乾二淨的，可是這在主管的耳裡聽來就是藉口。

就以這次的主管會議做分析，天氣的確是影響洗車意願的最大因素，但是那在先前就已經提出了解套辦法，卻至今還無法徹底解決這樣的問題，若不是辦法有錯，就是還有其他的原因還沒被挖掘出來，高層之所以召開會議，不是單純要訓誡各個主管，而是要集結多人的智慧來思考出真正的解決對策。

不針對其他可能因素，總是提出千篇一律的理由，絕對是最錯誤的回答，除非同時舉出舊解套辦法的缺失，提出有建設性的新辦法出來，才能不被當作藉口看待。

所以，當主管提出另一個思考方向的原因，自然正中高層想法的下懷，比起解決的辦法，找到問題的主因更是重要，也難怪召集會議最主要的目的，耗時多月的問題終於得到解決，也難怪高層會放下心裡的大石頭，對主管百般讚許了。

大家記得，在面對主管的質問時，不要一味只想著要如何撇清責任，乾脆地表達歉意，並且『解釋』發生的原因，還要針對這次事件作反省，並且提出不再犯的應對辦法，這才是面對問題的正確態度。

說起來非常容易，但是一開始作者要執行時，光是想著要如何解釋而非推託，就困惱到站在當場說不出一個字來，但是，改變這個錯誤態度非常重要，因為比起一堆藉口，坦白承認錯誤更能得到主管的認同。

記得，在面對主管的質問時，不要一味只想著要如何撇清責任。

讓主管不得不賞識

讓我們一起學習這些擁有高價值的工作能力，提高自己在職場上的價值吧。

每個月月初，公司會定期進行一連串的設備檢查，所以每每到這個時候，主管總是特別的忙碌，大家看到這樣的情景，有的人會上前幫忙，可是有的人則是等到主管吩咐才懂得過去幫忙，大紅人和普通部屬就差在這點。

許多的部屬空有一身能力，卻不懂得主動表現，就是想獲得主管賞識也很難。主動上前幫忙雖然也是搏取好感的舉動，卻比不過向主管求教，然後漸漸將這工作攬在身上的大紅人來得高明。

同事Y是個在工作上很有野心的類型，為了能夠培養這個行業的技術能力，甚至為了日後的升遷著想，Y時常求教主管一些專業的處理工作，連主管分內的工作也很興趣。

在習得某份的主管工作以後，Y就開始負責這些工作的執行，多個人分攤工作，主管的負擔減輕，自然也樂得輕鬆，甚至開始離不開Y的幫忙，自然對Y就更加地賞識，為了挽留這樣的人才，才沒幾個月的時間，Y馬上就被主管連連的提報升遷，職位跟當時最資深的前輩平起平坐。

能不能學以致用，這點非常重要。

雖然攬住更多的工作量看來並非聰明之舉，不過就長遠看來卻是能搏得主管青睞的高招，分攤工作量的舉動會讓主管負擔減輕，得到主管的好感這是自然，但是主管一旦習慣減少後的工作量，對Y的依賴感就會增加，相對的也就會對Y更加地賞識。

不過有很多紅人常常因此油條了起來，得到目的後就不願再這麼辛苦求表現，導致對主管後來增派的工作量無心應付，表現漸漸大不如前，使得主管的好感蕩然無存，最後逼得自己只能走上離職一途，最終前功盡棄。

另外同事Z也同樣是利用讓主管離不開的原則。現在的企業幾乎全採用電腦化處理，這對年輕一輩的人來說不是問題，但對四、五十歲的資深員工來說卻有些困難，主管雖然多多少少學會了一些皮毛，但是超過基本處理以外的能力，或Word、Excal以外軟體，工作上就沒輒了。

同事Z在電腦上的造詣相當好，又具備維修電腦的能力，所以常常幫主管解決了相當多電腦問題，包括機械故障的維修處理，由於具備這麼完整的電腦能力員工就只有Z，而這樣的能力正是主管缺乏的，自然會備受依賴，進而賞識有佳。

只要能讓主管離不開你，那麼就等同於握有主導權，能夠備受主管的青睞。

可是，同樣的表現可以模仿，同樣的技能可以學習，不過在需要經驗判斷的危機處理能力上，可不是誰都可以輕易追趕取代。危機處理能力，這是一種由經驗堆積而成的判斷和處理能力。

危機處理並非紙上談兵，得靠實際經驗才能累積，舉凡服務業的客訴處理或是工作上疑難雜症的排除都可以被當作經驗，這樣的經驗並非侷限於親自處理，就算是在旁聽人解說也可以達到同樣效果，所以就算是資歷不深還無法獨自解決時，也透過他人的工作狀況來見習。

即便是不同部門或是階級的問題，也同樣有見習的價值，可是大家往往會錯失這個學習的機會，這就是大家的迷思，就算是不同專業領域的狀況，有時候可能涉及溝通或是工作態度等有共同因素的原因，還是有增加經驗的可行性，千萬不要輕易地漏掉任何一點可以累積危機處理能力的學習。

還無法自主的時候得完全仰仗經驗分享，但是無論如何還是比不是自己實際操作要來得意義大，或許大家光聽就認為這種能力培養很難，但是如果是在職場工作多年的各位，身上其實或多或少都擁有了危機處理的能力，之所以會讓人難以察覺到這點是因為——大家所具有的能力，就只侷限在及專業的處理上。

舉個例來說：

公司的洗車機因為老舊，在夏天時常常會機器過熱而停止供水，經過多次的經驗，大家都知道這時要將總開關關掉，緊急人工加水來因應，然後再打開電源，通常這個時候機器就能正常運轉供水。工作上遇到狀況知道如何處理的反應，就是危機處理的能力。

擁有這樣的能力，就如同有獨立作業的能耐，能夠做正確且適當的判斷，這在職場上非常重要，因為很多工作往往走錯了一步，後面將會全部大亂。

所以雖說主管的工作職責可以分工給部屬，但是很多人還是親力親為，不是因為怕被人才給頂替，而是害怕部屬面對問題無法正確做出處理，導致殘局難收的結果，這才不敢釋權出去。

各位有沒有發現主管常指派工作給自己青睞的人才，並非是因為這些人出現在身邊的時間比較多，而是因為信任他們在工作上的能力才會加以器重，才敢釋權給這些大紅人負責。

所以說有能力無好感的人不會受到主管器重，有好感卻無能力的人就更是不可能了，畢竟誰都希望身邊能有個可造之材，方便處理工作上的大小事務，因此除了本身要充實工作技能外，更要透過經驗去培養危機處理能力，這樣等同於如虎添翼，主管想不多加青睞都難。

只要能讓主管離不開你，那麼就等同於握有主導權，備受主管的青睞。

主管與同事都是職場上不可或缺的助力

在職場上，主管的青睞與同事間的情誼，若是兩者捨其一，就絕對無法在職場上風光太久。

各位有沒有發現和主管走得愈親近，同事之間的情誼就愈生疏？

作者我剛受到前輩的指教，開始試著和主管親近時，就有人曾偷偷打探我一句話：「妳最近好像跟主管很好？」

這是必經的過程，畢竟主管和部屬本來就分屬兩個不同圈子，當你往主管靠攏時，自然會受到同事們的質疑和疏遠，各位千萬不要為了同事情誼而前功盡棄，更不要仗著有主管賞識，而輕忽同事在工作和精神上的助力，得意忘形起來。

此時，各位應該花費更大的心力維護同事情誼，同時爭取主管的賞識，別以為兩者之間就必須捨其一，就有不少大紅人能拿捏兩邊平衡，並且在雙方都維持高人氣的喜愛。

課長C是公司有名的大紅人，因為做事認真又體察上意，所以深受經理器重。

但是課長C並沒有因為受到經理賞識而囂張跋扈，仍然態度溫和地對待每個同事下屬，所以在公司裡的人緣非常好，上次回到總公司時，還可以看到C親切地跟其他同仁有說有笑，感情相當融洽。這樣的例子不只一個。

之前提到的大紅人L，因為能力強又懂進退，也同樣深受主管賞識。但是L並沒有因此自滿，態度始終如一，甚至會教導同事怎樣的說話方式可以減少失言的機率，也會幫其他同事在主管面前說情，所以L並沒有受到同事們的疏遠，反而深受愛戴。

只有眼光短淺的人，才會為了巴結主管而犧牲同事情誼。能受到主管的賞識，就代表被主管肯定其表現和工作能力，那麼被交代的工作量也就會愈來愈多，逐漸地光憑一人之力是無法全盤兼顧的地步，到時就必須仰仗同事間的分工，所以若失去了同事間的情誼，自然就很難拜託對方幫忙分攤。

就算運用強權，同事也只會在勉為其難下隨便做做，工作效率及品質自然會降低，久而久之便會降低主管對各位的青睞，長遠來講絕對有害無利。想在職場上生存下去，同事也是不可或缺的助力。

雖然說主管青睞和同事情誼之間要做個平衡，但是事實上要做到這點非常困難，就以上一章課長C為例，因為身受經理的賞識，所以經理一有什麼指令要交代時都會委託課長C轉達，轉達經理指派的工作聽起來不難，但是主管交代的工作有時很麻煩，有時很為難人，在面對不得不接受的強迫之下，大家自然會將這些怨念轉向當事者。

或許有人會問說：「發布這項指令的當事人明明就是經理，跟課長C又有什麼關係呢？」沒錯，發布這項命令的人的確是經理，而課長C只是轉達，但是若沒有言明自己是奉主管命令，就會讓人誤以為自己就是當事人。

若是口頭上轉達或許會言明，不過若是發佈給各分部的公文上，有時候就不會解釋得這麼清楚，大家就只會記得公文底下掛名的發布者是課長C，不會去追究其原因或者是過程，自然不會知道C只是代為轉達。課長C發現這點以後，在之後的公文內都會特別加註『代長官轉達』的字眼，而總部其他高層也隨後跟進，每每有上頭指派下來的命令轉達，也同樣會加註這樣的字眼來澄清。

即便如此，大家對於大紅人的刻板印象並不會這麼簡單就消除，主管和部屬的想法在某些方面是相對立的，如果幫主管說話就等同於與同事為敵，站在同事的立場勸說就無法獲得主管青睞，要如何將事情做到主管滿意，又能讓同事明白執行的必要性並且降低殺傷力，才是維持兩邊平衡的關鍵。

課長C並非只是加註字眼這麼簡單，還在轉達的公文中解釋執行的必要性，並且明確指示同事部屬執行的方向，讓所有員工都可以正確且快速地完成主管命令，雖然是解救全公司上下員工的行為，但是在主管眼中卻是提高效率的行徑，這樣兩邊都顧及不偏袒，才是職場上真正手腕高明的大紅人

避開職場上的大陷阱

在搏取主管賞識的過程中，也要注意別踩到隱藏在職場裡的大陷阱，千萬不要『一失足成千古恨』，換來欲哭無淚的慘痛下場。

職場上有很多會引起主管反感的陷阱，有的效果短暫，有的威力大到可以摧毀掉現職的職業生涯，所以如何避免，也是我們在搏取主管青睞時不可忽略的要點。

首先提到的是很多人常觸及，但是殺傷力短暫的職場陷阱。雖然說每個主管類型都不相同，但是為了拉近和部屬之間的關係，以開玩笑的方式來試著跟大家打成一片，也是主管會做的選擇。

不過，相信有不少讀者都有過相同的經驗，就是在當場受到氣氛感染而跟著和主管鬧了開來，卻因為年齡關係上的代溝超過主管能接受的底線，最終遭來主管的記恨。在作者還是新鮮人的時候，就踩過這樣的職場陷阱，但是當時同樣陷入陷阱的不只是我一人，就連其他的老前輩也有不少人跟著陷入，這也是摸不清主管習性會犯的錯誤。

當時，唯一全身而退的人，就是現在深受主管賞識的大紅人L。他對於主管的玩笑話一點都不當真，甚至對於其中有自貶的話語也不附和，完全抱持著不回應、不附和、適時反過來讚美對方，就這樣簡單的三個應對，就完全把自己排除在玩笑陷阱之外。

主管雖然當下會不高興，但是並不會將情緒表現在臉上，還是一樣會開大家玩笑，然後默默地記在心裡，偶爾向唯一沒有被陷害的L抱怨。

直到最後L看不過去，對大家提出警告，所有人才知道自己為何會受到主管刁難的原因，後來除新進人員外，再也沒有人把主管的玩笑話當玩笑，傻傻地成為主管眼中釘。

縱使主管一開始的用意是好的，但是卻往往衡量不準部下的開放和自己的容忍程度，造成心裡的不痛快，然後再藉題發揮出口惡氣，但是卻也讓部下覺得莫名奇妙。也難怪這樣的方法雖然廣受主管使用，卻不見其關係有任何改善，反倒是愈來愈惡劣。

不過，也千萬不要因為知道這是陷阱，所以完全抱持著超然的態度，不跟著當時的氣氛鼓舞，絲毫不予理會。這樣的表現也會讓主管認為你很沒有意思，如果因此打消了主管開玩笑的興致，仍然會被當作眼中釘對待。

其實讀者們不用多加防衛，只要堅持不跟著主管的玩笑話隨之起舞，就能夠逃脫這樣的玩笑陷阱，相反的，各位可以趁這個機會跟主管拉近關係，爭取到主管多一分的好感與賞識，如此化危機為轉機，這也是職場裡必學到的招數。

不過，接下來提到的職場陷阱，可就是自找的。

由於公司性質是員工流動率高的服務業，身為管理者的主管為了挽留員工，讓公司經營能夠順暢，有時也不得不放下身段，對部屬說話必恭必敬的，就連犯了錯也得忍氣吞聲。

對於主管的軟化，部屬們大多都不敢太過放縱，畢竟這樣的局勢只是一時的，等到危機解除後，就是一筆筆秋後算帳的時候了，到時所付出的代價，絕對比這一時的快感要大上許多。

這樣的概念人人皆懂，可是並非人人都能夠有所克制。這樣的狀況每幾個月便會上演一遍，即便如此，卻總是有員工趁著主管弱勢時，荒廢工作到完全不予理會的地步，部屬原本應該是分攤主管工作，此刻反而讓主管兼顧基本的打掃清潔工作。

這些人見主管沒有怨言，也沒有任何的不悅，就更加得寸進尺了，拿翹的行徑看在其他同事眼裡，直覺是大大的不妙。果然在人員漸漸補上之後，主管的態度開始一百八十度的大轉變，尤其對於當初拿翹的部屬們更加嚴苛，沒過多久，這些同事便一個個受不了主管的刁難而全部離職走人，這些都是意料之中的下場。

大家千萬別忘記了，無論在什麼時候，主管永遠是職場上掌有生殺大權的要角，別說是主管放低姿態，就算是對方不受到高層青睞而處處被刁難，或者是因為犯了錯使得地位岌岌可危，只要對方還是主管的一天，就不能做出任何落井下石之類的越矩行為。

職場是很殘酷的，只要犯了一次錯，就再也沒有挽回的機會了，尤其是做出像這樣的拿翹行為後，就要有成為主管眼中釘，再也得不到主管青睞的心理準備，除了換個新環境重新打拼，否則職場生涯就註定陷入萬劫不復，任憑市面上的職場書籍全部集結，也找不出半個可以解套的辦法來。

沒有跟著仗勢欺人，雖然在主管眼裡實屬應該，並不會留下任何深刻的印象，也不會得到主管的讚許，但是至少不會因此失去獲得主管賞識的機會，這才是最重要的，畢竟職場生涯可是有好長一段路要走，為了逞一時之快而使得心血化為烏有，那就太得不償失。

最後這個職場陷阱，就是最最要不得的超級大炸彈，一旦觸及，別說是再也得不到主管青睞，恐怕想安然工作恐怕都會成為問題。

不知道你是否曾經想過，要和主管的主管打好關係？雖然多多認識公司的高層確實是對於前途也很大的助力，但是若抱著跟主管的關係處得不好，也可以藉由主管的主管施壓下來，讓自己的升遷之路順暢，那我勸你別打這個如意算盤了，以免弄巧成拙。

同樣身為主管，對於『越權』這件事情相當感冒，除非是檢舉不法，否則不管感情再怎麼好，也不可能容許越權的行為。

所以，若你因為得不到主管的賞識而錯過升遷機會，轉而去向主管的主管求情，那我只能說，除非這兩位主管離開現職，或是有個難差缺人，否則你跟升遷機會絕對遙遙無期，就連原本的好印象也會瞬間下滑。

同事Q就是血淋淋的好例子，Q是名能力好，而且講話直接大方的人，雖然和大紅人A的條件個性相符合，但是卻沒有得到相同的際遇，反而是主管眼中最頭痛的人物。

因為他常常干涉主管的職權，總是認為自己的處理方式會比主管更好，主管也是同樣說不過他，但是涉權的行為早已讓主管相當感冒，所以每當有升遷機會時，主管的名單總是不見Q名字。

Q的社交能力很好，所以就連一個月才來個幾回的課長也非常熟，但也因為如此，每當他看主管的處理方式不恰當時，會直接當面糾正，甚至直接越權報告。

其實就讓課長對他的評價逐漸下滑，最後食髓知味，就連升遷也直接當著主管的面向課長請求，課長只能婉約地勸說，然後把球丟回給主管，得到上司尊重的主管當然更不願意給這個機會，結果也只能夠無疾而終。

別說主管是課長眼中的好部下，就算兩人之間的關係不好，但是身為主管階層，明白管理大不易，所以面對難管的基層員工連連做出『涉權』、『越權』等禁忌，當然不會因為私人因素而袒護這名員工，相反地，若讓這名員工的請求得逞，以後是不是更會把主管的管理視若無物，少了一層管理的權利，不就等同將基層的管理權跳過主管，直接攬在高層自己頭上，多增加自己的工作量，這麼吃力不討好的事情不會有人去做。

主管並不會因為你和高層聊得來就有所畏懼，更不會看在這個份上對你特別禮遇，所以想藉由這層關係來打壓主管，這個心思勸你還是免了，還不如藉由這個機會好好跟高層討教一些事。

無論是工作技巧、職場倫理、甚至是一些小八卦都可以有所省思，所以結交高層是用來長知識長經驗，不是用來奪權的一個棋子，若這個觀念沒矯正過來，相信你在這個職場戰爭當中絕對會是永遠的輸家。

結交高層是用來長知識長經驗，不是用來奪權的一個棋子。

MEMO

Chapter 6

職場EQ勝過工作IQ

傳播正面思想

同樣一件事都有正反面的想法，希望員工說出口得永遠是正面的，而非負面思想影響其他同事。

無論在什麼樣的情況和環境下，負面思想永遠比正面思想還要容易影響他人。

比方說：很多人都說老闆人很好，或許大家還會半信半疑的，但是若大家都說老闆人很差勁，大家就會深信不疑，很少人會理性地想說是不是因為個人主觀等因素，然後試著去親近對方。

職場上也一樣，不管是基層員工還是高層主管，每個人對於工作多多少少都會有些抱怨，像是上司太機車、客戶太難搞、誰誰誰很討厭等等的怨言可以說講也講不完，各位或許覺得這是很正常的事，但是若不適時制止的話，甚至會累積成一個大麻煩。

我們公司一直有個慣例，就是每到一段時間就會將各分店的主管對調，前幾年宣布這個人事命令以後，所有員工就在打聽下一個主管是哪一個分店的主管，為人好不好、管理會不會很嚴格等的瑣事，或者是因為好主管要被調離而士氣低落，總之整個員工的工作狀況完全一團亂，到最後逼不得已只好暫緩執行這項人事命令。

其實，各位通常都會把事情想到負面的方向去，但是換了主管不代表就會有多糟，跟隨到嚴格的主管不代表就是壞事，在高標準的要求環境下，自己的工作態度和效率就不會鬆懈，因此更容易得到主管和高層的注目。

跟隨到好主管雖然不錯，但是人生並不會永遠都這麼順利，若是後來因為升職或是轉職而遇到其他類型的主管，就會因為落差太大很難適應。

不曉得為什麼，在職場裡幾乎沒有人會說些工作上的好話，有的只是負面的情緒，最可怕的是這些負面思想形成了

『三人成虎』的現象，即便不是事實也會被徹底地扭曲。

之前公司來了一個新來的助理，工作效率非常地好，對於基層員工惹出的麻煩也能夠快速又合理地解決，態度親切有想法，所以我對於這個新助理的印象非常地好。

但是，因為新助理剛來的時候還不熟練，根本無法顧及樓下的店鋪狀況，在人手忙不過來的時候過去支援，導致該班的班長非常不滿，到處跟人抱怨助理的壞話，當一傳十，十傳百，大家全都被傳言給影響，認為助理的為人相當地差，別說是我們少數理性人要辯解，就算後來新助理上手後會不時過去幫忙，也扭曲不了這樣的負面印象。

就是因為負面思想必須從一開始就加以制止，所以每當主管聽到任何抱怨，就會非常地緊張，

比方說：收銀人員在收找錢方面若不注意，就很容易會產生虧損的情況，尤其是新人更經常如此，同事不過就是在算錢時抱怨一句「今天居然虧錢了」這種正常人都會有的怨言時，主管就會立刻開口安慰或轉移話題，不讓這樣的負面情緒逐漸擴大。

除了適時止血，主管還會防範於未然，要求我們這些幹部平常要給予部屬正面的思想，相信負面思想既然可以三人成虎，那麼正面思想自然也可以有同樣的效果，可以見得主

管對負面想法的重視。各位或許想說，既然主管也會找人互相抱怨，不也等於在無形之間散播負面思想嗎？

的確是這樣沒錯，或許不是每個主管都能夠發現自己行為矛盾之處，但是也有主管因為顧忌這點，所以不是隨便找個人就抱怨，而是會找個能夠理解，並且口風緊的部屬或同事作為情緒宣洩的對象。

也有主管不會找特定對象抱怨，但是在抱怨完後一定會提出正面的想法，來沖淡剛剛所講的那些負面話語，以免讓自己成了危言聳聽的來源。

舉個例來說：

營業場所遇到搶劫是不可避免的因素，除了減少收銀台裡面的現金、隨時注意週遭的可疑人物降低損失以外，並沒有其他辦法可以完全避免搶劫的發生。

若公司因為被搶金額達到規定上限而處罰也就罷了，但是因為被搶就要被歸咎是管理不佳而扣績效，就覺得規定有些不近人情了。

但是誰叫這間公司的福利很好，我年輕的時候做個相當多的工作，有的福利保障根本就沒有提供，工作做出了一身的職業病，要開刀治療卻沒有相關的補助可以申請，哪像這間公司相關的福利補助都相當完善，如果為了這點小缺失就離開，那就太不值得了。

這是相當高竿的作法，怨言的後面緊接著正面想法，就會將先前的負面思想完全沖淡，會認為不該為了小節而放棄這麼好的一份工作，負面的影響力自然就會被消失了，不過若是在事後才補上正面思想，恐帕負面思想根深蒂固，已經不是幾句話就可以扭轉回來。

很多人常常因為幾句不經意的怨言，意外成了負面思想的傳播者，就算不是真的有意，但是當事情抽絲撥解到自己身上，老闆也不會因為自己的無心之過而算了，因為負面思想的可怕只有身為管理者才能確切的體會到。

所以不要跟隨著負面思想起鬨，影響到管理者的管理，凡事採取正面想法，自然就會得到老闆正面的印象。

無論在什麼樣的情況和環境下，負面思想永遠比正面思想還要容易影響他人。

凡事為公司著想

不要侷限於自己的工作職責，凡事為了公司、為了老闆著想，這樣的工作態度正是大多員工所欠缺的。

公司是一個團體活動，不光是領導者在管理指揮，也需要每個員工發揮所長。就算職位的工作和專長不符，各位仍然是可以為公司和管理者盡上一份力。

舉個例來說：

最近店裡的業績不好，小吳的職位雖然是服務顧客的店員，但是他的文宣和繪畫能力很好，為了減輕老闆的銷售壓力，小吳作了幾張海報貼在門口宣傳，果然順利吸引顧客的購買提高業績。

管理者的能力確實有高人一等的地方，而且管理所需要的能力很雜，機器的疑難雜症要學會排除、商品促銷的推行和宣傳、和客戶的應對能力等等都要面面俱到，但是主管畢竟是人，不是機器，又怎麼可能單單一個人的能力可以應付的了。

三個臭皮匠，勝過一個諸葛亮

每個人都有個別的專長，有的擅長繪畫，有的擅長推銷，或許主管一個人想破腦袋都想不到解決辦法的問題，經過部屬們的集體構想，會出現一個不錯的idea，藉由各方人才分工合作所產生的效率，正是公司成長的動力。

可是，現在大多數員工卻完全受限在自己分內的工作範圍，而不是把整個工作環境都視為自己的工作範圍，個人業績達成後就停止推銷，工作只顧自己的職責範圍，都不會顧及其他的整體環境。

不過，公司要的銷售營收可不是看個人，而是整體的成績表現，所以就算A的業績和平時表現都很好。

但是所屬的部門整體表現卻不見得就是名列前矛，有可能會被其他表現欠佳的同仁給拖累，主管的工作壓力仍在，自己優良的表現也會跟著埋沒在整體表現當中。

比方說：

公司給這間分店一個月20,000元的銷售目標，主管將目標平均給10明員工，每個人責任額2,000元，A每月都非常努力推銷，常常不到半個月就已經達到的個人責任目標。但是，A達到個人目標就就立刻停止銷售，其他同仁推銷能力強的同樣達成目標，可是有的卻怎樣都達不到2,000元的金額，所以整體的營業額就只有17,000元。

A的推銷能力雖然看在主管眼裡，但是工作表現卻不值得鼓勵，因為A並沒有盡自己的能力為主管分憂，完完全全只為了自己著想。不過，公司求的是集體表現，而不是個人表現，所以主管的工作壓力仍在，在老闆眼中這間分店的表現仍然是不及格。

分店的表現同時也會影響到老闆對A的表現，試想，即使主管對A的推銷能力很認同，將人選推薦給老闆。老闆看的絕不只是個人表現，也會同時參考分店表現，若該人才無法使自己的部門表現亮眼，那麼老闆又怎麼能夠真的肯定A的能耐，並且寄以眾望呢？

所以，能夠發揮自己所長，輔佐主管所欠缺的能力，減輕主管的工作負擔，要得到主管的賞識，這樣的工作態度是必須的，相信任誰遇到這樣的員工，想要不喜愛都很困難。

不過，就算各位試著為公司經營發揮所長，也不一定能夠被老闆看到自己的表現，以剛剛A的例子來說，若A努力推銷，最後也只能夠多推銷了1,000元的金額，雖然員工的立場會認為不無小補。

但是就主管而言，整體目標仍然無法達到，而且在主管心裡只是認為A推銷能力好，卻不會知道這是為了主管努力推銷來的成績，所以如何讓主管看到自己的用心，也是相當重要的關鍵。

我們公司有個幹部G文宣能力非常好，推銷能力也不遜色，所以每個月領到的推銷獎金都是名列前矛，為了要增加獎金的收入，幹部G開始會在家裡製作簡單的文宣，然後拿到公司來佈置推銷。

主管看到店鋪裡貼著各式的推銷文宣，心裡對幹部G下班後還為公司著想，製作文宣海報提高銷售量的舉動非常認同，尤其在看到銷售金額的提高，直到達成目標的亮眼成效，對G的表現更是賞識有佳。

雖然G的目的不是為了公司著想，但是因為『非上班時間』構思出對公司有益處的舉動，這樣的表現就容易被主管看見，犧牲一點下班時間付出自己的專長，就能夠讓老闆發現到自己的用心，也可以快速獲得老闆的賞識。

除了幹部G以外，大紅人L也是利用『非上班時間』的犧牲，讓主管看見他把公司放在心裡的用心。

大紅人L本身的能力就非常好，但是在主管眼裡頂多就是能力很好的部屬，印象雖然深刻卻沒有到賞識的地步，而L之所以到最後可以成為主管身邊的大紅人，就是因為他表現出為公司著想的舉動，才一舉獲得主管的歡心。

L每天下班後，都會花點時間觀看公司郵件，知道最近公司的政策方向和重心，就算是放假的時候，也一樣會每天來到公司報到，即使下了班還不忘公司，就是這樣的舉動引起主管注意。

隨時掌握公司的經營重點，知道現在公司的主打商品是什麼、部門的銷售成績和營收如何等等資訊，然後根據這些重點做表現，自然可以輕易地直中紅心，得到主管的認同和賞識。

若是工作時間執行工作，就是盡職責的一個應有表現。但是若運用非上班時間執行工作，就會被認為是個為公司著想的優秀員工。同樣是為公司著想，可是犧牲一點下班時間，就可以讓這點付出被老闆看見，這就是普通職員和受賞識者的差別。

不要光只會裝表面功夫，得具有真材實料

老闆要看的不是表演，而是真材實料的工作表現。

對於基層人員來說，要在老闆面前搏得好表現很簡單，但是對主管來說，除了自身的表現以外，同時管理的部屬也要表現得好，才能夠在老闆的面前搏得好印象。

但是，嚴以律己或許不是問題，要嚴以待人可不是一件簡單的事，工作雖然是件需要謹慎的事，但是連一點放鬆的空間都沒有，甚至是半點都失誤都不能有，這樣未免也太累了，長久下去不只會失去員工的向心力，求好心切的結果恐怕會更加糟糕。

所以，除非是在老闆身邊工作，不然從平常進行高度的嚴格管理，只為了老闆偶爾的巡視或露臉，卻搞得自己和部屬的工作負擔劇增，實在是不太符合報酬原理，倒不如要求關鍵時刻的表面功夫，不但擁有同樣的效果，平時工作也能夠放鬆許多。

老闆要管理的範圍和人數很多，別說是認識所有的部屬了，有的甚至連見面都見不著，這樣的情形在連鎖企業更是稀鬆平常的事，所以對於員工的表現，往往是藉由業績、出紕漏的次數和嚴重性、以及高層主管的印象來做為評斷。

雖然老闆的工作繁忙，但有的時候也會趁著工作空檔或是因為路過等其他原因進行實地勘查，員工如何怎麼利用這短短的時間內做好表面功夫，就是關鍵所在了，雖然老闆的巡視是為了找出經營和管理的狀況，不是來看表面功夫的，但是由於主管的求表現，卻淪落了標準作業流程的示範表演。

因應職場上發生的狀況和問題，公司的規定只會愈來愈嚴格，限制也會愈來愈多，就連主管也不能保證自己能夠全方面地將工作顧及好，尤其在工作一多一忙時，根本無暇顧及到一些細節，為了提高效率，有些不重要的步驟或是細節就會被忽略，不只是我們主管而已，其實其他分店的主管也早就這麼做了，因為這是在所難免的過程。

比方說：

公司規定辦公室要隨時保持清潔整齊，但是面對繁瑣的工作資料，有誰有那個美國時間隨時整理好桌面，常得要等到工作空檔或是下班時，才能夠有辦法將桌面收拾整齊。

若是平時就堅持桌面隨時保持整齊的標準，那麼大家就隨時為了不必要的細節工作而浪費時間，因此降低工作效率的話，不管表現地再好，也是不可能得到老闆的賞識和注意。

能不能獲得老闆賞識，為主管搏得面子和掌聲，也同時關係到員工在主管眼中的印象好壞，所以不僅是主管需要好好表現，這個時候也是員工表現自己的好機會。不過相反的，若是不能在老闆面前有個好表現的話，接下來要面對的就將是主管的刁難和厭惡了。

表面功夫最怕的就是突襲勘查，一突襲可以揭曉每個人真正的工作表現，這是高層真正目的，不過主管並不這麼想，他們要的只是在老闆面前求表現，員工平時表現是否標準根本不重要，為了不讓部屬出糗，影響到自己的表現，主管也用盡各種人脈獲取情報，來破解突襲的殺傷力。

公司經理對於服務事業相當重視，除了會派稽核人員不定期稽核外，更常常一時興起地來個『微服出巡』，雖然突擊檢查才能夠看出員工真正的平時表現，但是為了維護自己的工作表現，常常這些稽核人員和經理前腳一走，高層的通報郵件和電話就已經傳達到每個分店。

每次一接獲高層巡視的通報，主管就會立刻趕來前場巡視環境，並且提醒員工做好服務流程，若當天的基層人員都是熟手，自然就沒有什麼好擔心的，但若是其中有名新進人員，主管就會指派對方進去辦公室看一堆工作資料，避免在高層面前丟了面子。

或許各位會想說，新進人員不清楚工作流程，無法做出標準的表現是人之常情，的確，不管是誰都會這麼想，但是就算老闆可以體諒對方新手的生疏，不過一百分的肯定難免會因為這個小缺失而扣了幾分，對抓緊機會求表現的主管來說是非常可惜的一點。

員工平時表現可以日後慢慢觀察慢慢訓練，但是獲取老闆賞識的機會可說是少之又少，能不能把握住難得的機會，這才是最重要的目的，更何況部屬的表現跟主管的表現是一體的，又有誰會揪自己的小辮子，給老闆留下管理不佳的印象。

從這些主管對於老闆巡視的謹慎應對，就可以看出主管對這個機會的重視，台下十年功，完完全全就只為了這短短十分鐘的表演。所以說，擁有懂得做表面功夫的部屬在旁輔助，主管的表現自然是如虎添翼，就連身為部屬的都能沾點光，可說是最具價值的工作態度。

但是，表面功夫如果沒有真材實料的底子撐起，遲早有一天還是會在老闆面前露了氣，就算平時的工作再怎麼繁忙，也千萬不要忘記遵守應該遵守的職責，這樣的工作態度才是員工的基礎。

表面功夫如果沒有真材實料的底子撐起，遲早有一天還是會在老闆面前露了氣。

公司資源勿私用

公器私用的結果都只會是因小失大的下場。

公司的公用資源是為了讓員工在進行公務時方便使用，可是有的員工或許因為一時方便，又或許是為了節省生活開銷，而將公司資源用在非公務的瑣事上，其中手機充電就是最常見的公器私用。

對個人來說，沒有手機是非常不方便的，但是對公司來說，公司的室內電話就可以方便員工公務上的使用，所以即使沒有手機也根本沒影響，那麼充電手機的這個動作就屬於非公務的瑣事，那麼就不能算是正當的使用。

不過，若是工作性質經常外出，比方說業務之類需要手機方便連絡的，那麼即便主管多少會有不悅，但是性質上卻是被歸類為公務上的使用，屬於正當的使用。

或許，有的人會覺得才充個電，根本不用幾個小時的時間，能夠花到幾度電，但是就管理者的立場，避免公司支出不必要的花費，也是管理的職責之一，而這些成本在營收報表中的列出，更證實主管的管理成效。

舉個例來說：

A部門的電費一直維持600元左右，可是因為智慧型手機的耗電量高，導致部屬常常利用公司資源充電，導致電費暴漲到650元，而這些支出成本列在營收報表上，電費成本的增加就會被列為一項管理不佳。

其實，大家多多少少都曾經在非公務的瑣事上用過公司資源，像是打電話叫人接送或吩咐一些非公務的重要瑣事，不過大多數人都可以節制，所以很多公司起初並不會針對一些花費成本斤斤計較。不過，只要少數人的隨意濫用，就能夠造成了成本的暴增，才會讓公司注重公器私用的現象。

我們分店裡的市內電話，一開始並沒有限制員工使用，員工除了手機沒電或是公務時使用，否則也不太會使用這支電話，因為要從工作場所來到二樓的辦公室很不方便，所以大家普遍都是使用自己的手機。

不過，就是有人將公器私用認為是理所當然，利用公司電話跟男友談情說愛，電話費一下子暴增兩倍，這才讓主管開始尋找原因，然後禁止員工用公司電話作非公務的用途。

大多數的公司對各項花費都有一定的限制，並且都會做定期的追蹤統計，所以很多員工都以為可以公器私用到神不知鬼不覺，那就大錯特錯了，相信各位使用公司資源的目的不過就是貪一時方便，可是卻因為太多人使用、甚至過度濫用，最後只會使這項資源被節制。

就算是如我先前所提到的，因為在公務上需要而使用到公司資源，但若是使用『可以避免』的資源，即便主管不能多說什麼，但是對於這樣的行為也是會很不以為然。

很多人可能會認為管理者很小氣，但是管理就是對方的職責，身為一個盡職的主管無論是件不起眼的小事，都得要加以管理。

不過別說是各位，即便是我或是高層本身，都有不得不使用『可以避免的資源』的時候，所以要禁止各位使用或許有些難為，但至少千萬別在主管面前使用的這點請務必遵守，才不會讓主管看到留下不好的印象，也不會在費用超出時，被主管記在心裡又是一筆。

使用『可以避免的資源』是無心的，不過有意的公器私用就是萬萬不可有的想法，為了節省生活開銷，有很多人省錢的念頭動到公司資源上頭去，先別論這辦法是否有法律和道德上的問題，我只能說結果都只會得不償失。

有意的公器私用都是因為人性的貪心，即便是一點一點的累積，整個月下來所增加的小小花費，絕對可以很容易地看出這點，不只能夠輕易被揭穿，就連揭穿的時間點也相當地短暫。

另外，揭穿後的償還費用、這個錯誤行為的罰扣、主管日後的特別注意和壞印象、影響升遷的薪資福利差額……零零總總的損失加總起來，絕對比省下來的花費還要大上許多，相信聰明的人再怎麼算，都知道這絕對是筆因小失大的打算。

公司資源是讓員工在公務上處理方便所提供的，而且是主管管理的一部份，能夠抱持著不貪圖的心態使用在工作上，讓資源可以正確的利用，才能夠使自己的職涯走得持久。

做事要舉一反三，不要一個指令一個動作

依照老闆的指令行事雖然是應該，但是若不知變通，這樣的工作態度也是相當傷腦筋的。

在職場上，一個指令一個動作的員工是最讓人頭痛的，雖然這樣的部屬聽話是聽話，但是不懂得彈性變通的工作能力，是會拖累到主管的工作進度。

讓我們試想：

若主管交代一件工作，但是這項工作是自己完全沒有接觸過或是不知該如何處理的內容時，各位是會當下詢問主管執行辦法，還是默默地自己想辦法的摸索。

那麼，若主管交代你拿抹布去清理辦公室牆壁的髒污，可是怎麼擦卻擦不起來的時候，你會就這樣了事，還是去嘗試用現有的清潔劑擦洗，亦或是詢問主管狀況該怎麼處理呢？各位選擇的答案，就決定了自己是不是個能夠舉一反三的好員工。

我剛剛說過，身為管理者，不管管理範圍的大小多寡，只要在範圍裡面的細節瑣事都是自己的責任範圍，不管有什麼困難都要想辦法克服，即使是自己能力不可及的領域也是一樣。

比方說要隨時維護工作環境的整潔，要怎麼做、需要什麼輔助工具都是執行前就要準備好的，理論上是這樣沒錯，不過有些工作是要實際執行以後才會發現困難和不可行之處。

比方說：

主管以為牆壁上的髒污只要用抹布就可以擦起，沒想到卻一點用處都沒有，這個時候若被指派處理的員工就此了事或直接求助於主管，無非就是無法分攤主管工作負擔，反而還增加瑣事給主管煩惱，對主管來說一點幫助都沒有。

雖然對於主管交代的工作要確切執行是員工職責，可是若主管交代的處理辦法有欠實際，或是根本不可行的時候，可不要以為身為部屬就應該完全聽命於主管，所以不嘗試其他辦法或堅持主管的教導行事，不能憑著實際狀況做彈性變通，主管對於這樣的員工也只能搖頭歎息。

主管將工作指派下去，無非就是讓員工來分攤工作負擔，所以交待的工作狀況也只是用目測，然後推論出大概的情況，再藉由這個推測的狀況想出解決辦法，交給員工來幫忙處理。

當問題無法由主管交代的方法處理時，若員工沒有經過努力，就這樣直接交問題丟還給主管，主管是不是就要去花時間檢測問題，然後發現原來以為是灰塵的髒污原來是油性筆的傑作，然後再重新交代員工使用清潔劑清洗，當中的過程是不是又花了主管不少時間。

的確，在前面的章節是提過『遇到問題要發問』的觀念，不過，若是用常識就可以聯想得到的方法，卻因為員工一板一眼的工作態度而不懂去嘗試，這樣本來分工合作的美意頓時就大打折扣了。

聽命主管的命令是職場中基本知識，很多人只知道這個理論，卻不懂得工作裡隱藏著很多會因應情況而變動的細節，欠缺經驗的員工大多數都曾經向主管提問過因為不知變通而產生的問題，其中用常識就可以聯想到的問題為大多數，幾乎公司每個人都有相同的經驗。

即便明白這點，卻不是每個人都有嘗試全部可能的耐心和決心，大多數的人幾乎嘗試過幾項以後，便會氣餒地舉雙手放棄，若所有人都束手無策的問題被其中一名員工耐心找出辦法，自然主管對這名員工的看法大大不同。

比方說：

五、六月的梅雨季節是洗車淡季，洗車部的高層都認為再怎麼樣都不會有客人在下雨天洗車，所以對於公司提出增加營收的要求，大家想的辦法完全針對冬天的旺季，沒有人想過要改善梅雨季低靡的洗車量。

可是，一名高層不放棄地翻閱車輛保養的相關知識後，推出了下雨時車輛臘洗來隔絕髒雨水的理論，並且宣導員工向顧客推行，雖然全新的知識還沒有辦法有亮眼起色，不過雨天洗車數的確是有增加的傾向，提高了淡季的營收。這名高層的用心，理所當然地成為主管的注目。

不過，面對工作要懂得彈性處理，但是若非能力可以控制的範圍裡，還是請各位千萬不要輕易而為，否則非但沒有受到主管注意，反而還把問題愈弄愈大，增加主管的工作負擔，就等同於增加了讓公司無法順利運轉的因素，這樣的工作態度實在無法得到老闆的苟同。

懂得將問題通報主管的重要性

發生了無法處理的問題時，沒有立即通報老闆，讓老闆處於『一問三不知』的情況，是管理者相當忌諱的處境。

對於老闆來說，對於自己的公司發生了問題卻一無所知，就是經營管理不善的一種現象。

當然，老闆管理的範圍和人數，是無法憑一人之力就可以面面俱到的，對於公司內大大小小的消息，完完全全都要藉由部屬們一層一層地通報上來才能得知，若其中一個環節中了斷，就無法在黃金時間內獲得通報。

因為沒有獲得部屬的主動通報，老闆就得要被動地一層又一層地詢問下去，來返的時間自然又是一個耽擱。

有時若遇到無法耽擱的狀況下，就容易為了情況所需，緊急就所知的情報做出簡單的判斷，但是這個判斷的結論有可能是錯誤的，因應這個錯誤的判斷做出錯誤的解決承諾或辦法，就有可能會造成不必要的損失和殘局。

舉個例來說：

顧客因為不滿員工不願以報卡號的方式累積點數，氣沖沖地跟員工理論未果，所以決定向公司客訴，因為自己遵照公司規定的作法沒錯，員工也沒有把這件事放在心上。

隔天，顧客果真打了電話投訴，但是隱瞞了部份的事實，只說員工沒有積點數，要公司負責。偏偏該名員工放假兩天，人一直連絡不上，其他員工也不是很清楚內幕，所以無法證實事情的真相。

最後，主管為了在時間內回報，只能夠依照顧客投訴和發票時間做推論，證明顧客確實有來消費且沒有積點，老闆根據部屬的回報承諾顧客補足當天消費的積點，並且賠了一些贈品作為賠禮。

原本是依照規定行事，不用付出任何損失，卻因為員工沒有及時通報問題，導致主管做出錯誤的判斷並且損失了不該損失的賠禮和點數，造成管理者管理上的疏失，這是非常忌諱的。

遇到問題即時通報的動作雖然不難，但是有很多員工卻常常弄不清楚什麼是該通報的，什麼又是不需要通報的，而使得需要主管得知的消息無法傳遞，造成處理上的延誤，這點是老闆最頭痛的。

前幾天假日，公司營業的洗車機器故障，因為外面的洗車設備都可以使用，所以就以完全手洗、不進入機器洗車的方式為顧客服務，由於還有其他方法可以洗車，於是公司上下沒有人主動去通報主管。

直到有名幹部不妥，通報主管以後，主管立即聯絡洗車維修人員，在第二天的上班日剛上班，就急忙過來處理洗車機的維修，避免了不必要的拖延。

就算機器的故障沒有造成無法營業的損失，但是只要出了任何的問題，都要向上通報，主管有義務確保管轄範圍內的機器和營業狀況無恙，而不是以會不會造成損失為標準，這個是各位千萬要釐清的重點。

無論是多小的一點問題，除非是確定處理好的故障或糾紛，否則只要有一點點的不確定性，就應該在第一時間通報給主管得知，其實各位不用擔心通報了不需通報的消息，因為這些都是主管的管理範圍之內，多知道一些瑣事總比什麼都不知道來得好。

通報時間也是員工通報上所顧慮的一點，現在24小時營業的商店或工廠相當普遍，但是卻沒有三班制的主管坐鎮，所以，除非是極其緊急的大事，否則在晚上的時間點通報的確不是很適合，可是沒有馬上通報的情況下，容易因為工作上的其他公務瑣事給遺忘，這也是員工們沒有及時通報的主要原因之一。

作者我的記性一向不好，所以經常發生忘了通報主管的情況發生，因此針對這點，各位可以考慮採取用紙條留言或者是用LINE的方式通傳，這樣就可以不用顧慮通報時間上的問題，而且立刻留言通報的話，也可以避免因為忘記而錯過通報。

在職場上，『不知者』不是無罪，而是極不應該，管理者應該得掌握住職權範圍裡的所有動靜，才能夠做出準確有效率的管理，而這些全都得仰賴部屬們的對於問題的及時通報，這是相當重要的，所以若員工沒有通報問題的認知，這樣的工作態度就不能夠成為老闆工作上的一大助力了。

Postscript

後記

各位看完本書後就會發現，自己對於老闆在乎的工作態度其實略知一二，只是就自己的立場無法苟同，比方說要具備隨傳隨到的高配合度，或者是無法抓到這個工作態度應有的重點，遵守SOP的流程和簡化工作之間的關鍵。

在老闆和員工之間的立場如何抓到平衡點，可以做到讓老闆賞識，又不至於讓自己為難的工作表現，相信書中的經驗多少能夠為大家帶來一點領悟。

或許書中大多數所採取的例子和觀念比較趨於主管所在乎的工作態度，但是各位別忘記了，主管是代替老闆管理整個公司上下經營，因為主管的感受是隨著公司能否順利運轉而起伏，自然跟老闆的感受息息相關。

各位想知道老闆在乎的工作態度，無非就是希望能夠知己知彼，做出真正能受到注目的關鍵表現，但是如何讓最高層的老闆知道下層員工的表現和才能，就是得經由主管的賞識一層一層向上推薦。

所以若本身的工作態度無法獲得主管賞識，就等同被老師打了不及格的成績，換作是校長來打分數也不會變成合格。

在這裡，無論如何還是老話一句，理論沒有付諸行動終究只是理論，這些職場經驗都是需要嘗試面對過才能夠有所成長，希望各位讀者都能夠試著跨出一步，能夠在長遠的職場生涯中順遂成長，共勉之！

BOOK 好書×推薦

在家工作賺到100萬

定價NT280元

如何把創意和趣味變成賺錢工具？
如何在小眾市場做出大餅？
如何在不景氣中找到自己的獲利模式？

***圖文解析、輕鬆易懂**

全書圖文活潑有趣，描繪觀點幽默詼諧，讓讀者在爆笑之餘，除了對「在家工作」的嚮往之外，能更進一步了解看似自由無束縛的自由工作者的真實生活面，並非只是享受自由，更要懂得規劃自己，才能過得自在好生活。

***在家工作，立即賺**

作者對每個在家工作有超完整解析，從該行業的入門門檻、市場行情、接案技巧、進階發展，到經驗分享，讓您完整掌握各行業兼差賺大錢的獨門心法！

Enrich

多做少說賺到第一個100萬

定價NT150元

***最高規格的製作**

本書運用全彩圖解的高規格製作，用通俗化的語言、豐富的圖表，包含「勇者無懼的0.5秒奇蹟」、「林書豪的可愛西裝照」、「書呆子加油方式」等繪圖，力圖讓讀者輕鬆認識林書豪，並且讓他的成功故事可以激勵更多正在努力的人。

***林書豪旋風大公開**

本書堪稱為最完整的林書豪成功學，從林書豪的崛起、心路歷程、堅持夢想、謙虛待人等方面，作者都有精彩且詳盡的解析。

***本書作者版稅全數捐出**

林書豪不為名利而賺錢，因此作者也決定此書的版稅將全數捐獻給「財團法人基督教愛網全人關懷社會福利慈善事業基金會」。

BOOK 好書×推薦

在家工作賺到100萬

定價NT280元

如何把創意和趣味變成賺錢工具？
如何在小眾市場做出大餅？
如何在不景氣中找到自己的獲利模式？

***圖文解析、輕鬆易懂**

全書圖文活潑有趣，描繪觀點幽默詼諧，讓讀者在爆笑之餘，除了對「在家工作」的嚮往之外，能更進一步了解看似自由無束縛的自由工作者的真實生活面，並非只是享受自由，更要懂得規劃自己，才能過得自在好生活。

***在家工作，立即賺**

作者對每個在家工作有超完整解析，從該行業的入門門檻、市場行情、接案技巧、進階發展，到經驗分享，讓您完整掌握各行業兼差賺大錢的獨門心法！

Enrich

成功雲 16

出 版 者／雲國際出版社
作　　者／李天龍
總 編 輯／張朝雄
封面設計／艾葳
排版美編／YangChwen
出版年度／2015年3月

老闆不說，卻很在意的35個工作態度

郵撥帳號／50017206 采舍國際有限公司
（郵撥購買，請另付一成郵資）
台灣出版中心
地址／新北市中和區中山路2段366巷10號10樓
北京出版中心
地址／北京市大興區棗園北首邑上城40號樓2單元709室
電話／（02）2248-7896
傳真／（02）2248-7758

全球華文市場總代理／采舍國際
地址／新北市中和區中山路2段366巷10號3樓
電話／（02）8245-8786
傳真／（02）8245-8718

全系列書系特約展示／新絲路網路書店
地址／新北市中和區中山路2段366巷10號10樓
電話／（02）8245-9896
網址／www.silkbook.com

老闆不說,卻很在意的35個工作態度 /
李天龍著. -- 初版. -- 新北市 : 雲國際,
2015.03　　面；　公分
ISBN 978-986-271-583-3 (平裝)
1.職場成功法 2.態度
494.35　　103027936